Josef Lang

Kleinplastiken modellieren für Einsteiger

Josef Lang

Kleinplastiken modellieren für Einsteiger

Mit Schritt-für-Schritt-Anleitungen

Techniken und Projekte in Ton

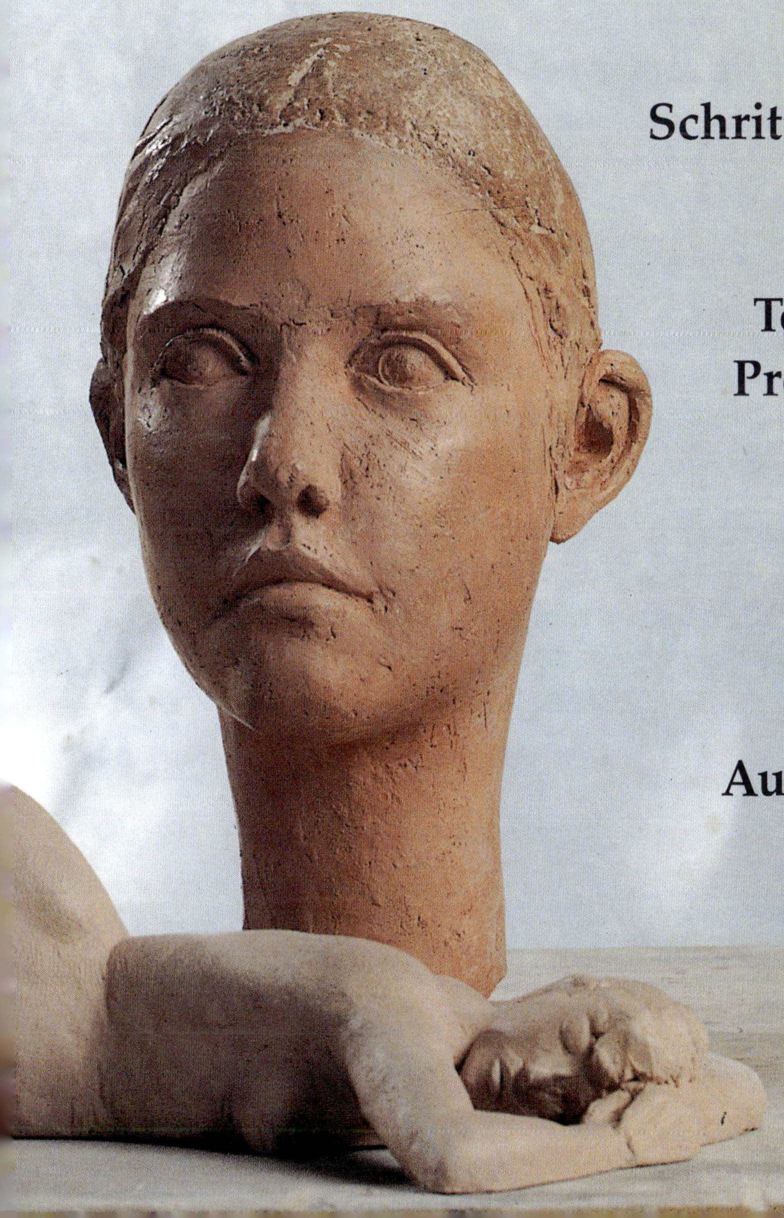

Augustus Verlag

Inhalt

Einleitung

Der Drang zum kreativen Gestalten ist ein Urbedürfnis des Menschen. Viele Funde aus früheren Epochen bezeugen dies. Begonnen wird meist mit zweidimensionalen Darstellungen wie Zeichnungen und Skizzen. Für viele reicht diese Erfahrung jedoch irgendwann nicht mehr aus. Sie wollen ihre Werke anfassen, betasten und von allen Seiten betrachten können. Also müssen sie in die dritte Dimension gehen.

Für den Einstieg ins plastische Gestalten eignet sich am besten Ton. Es ist ein weiches, gut formbares Material, das sich einfach mit Wasser aufweichen und an der Luft trocknen läßt. Man kann in jedem Stadium des Modellierens Ton auftragen und wegnehmen. Solange der Ton nicht gebrannt ist, kann er immer wieder eingesumpft und wiederverwendet werden.

Zur Bearbeitung sind keine teuren Werkzeuge notwendig. Das wichtigste Werkzeug sind die Hände. Verfeinerungswerkzeuge wie Modellierhölzer können auch selbst angefertigt werden.

Dieses Buch ist für kreativ Interessierte gedacht, die sich mit plastischem Gestalten befassen möchten. Es ist nicht wichtig, schon Erfahrung mit Dreidimensionalität zu haben. Am Anfang der Arbeit spielen auch Techniken keine große Rolle. Wichtig ist, einen Klumpen Ton in die Hand zu nehmen und zu formen. Die entstandenen Ergebnisse läßt man trocknen und bewahrt sie auf. Ton ist im getrockneten Zustand jedoch sehr instabil und bricht leicht. Will man besonders gelungene Arbeiten langfristig erhalten, ist es notwendig, sie zu brennen. Es entsteht eine Terrakotta.

Bevor ein Gegenstand gebrannt werden kann, sind allerdings einige Punkte zu beachten. Dieses Wissen soll Ihnen das vorliegende Buch vermitteln.

Ton

Ton kennen wir alle als die plastische Masse, aus der man Gefäße drehen und Figürchen oder Tiere mit den Händen formen kann.

Geologisch gesehen ist Ton ein »wasserhaltiges Aluminiumsilikat«. Entstanden ist es als reines Mineral aus der Zersetzung eruptiver Gesteine (siehe »Lexikon der Keramik und Töpferei», Augustus Verlag), d.h. verwittertes Gestein wurde vom Regen ausgeschwemmt, durch Flüsse abtransportiert und an geeigneten Stellen abgelagert. Tonvorkommen gibt es in Deutschland z.B. im Odenwald, Westerwald und in Hessen.

Durch Trocknen wird der Ton fest und durch Brennen bei mindestens 600 °C verwandelt er sich in ein hartes, wasserunlösliches Material.

Tonarten

Die aus den Lagerstätten abgebauten Tone werden gereinigt und aufbereitet, d.h. sie werden z.B. in der keramischen Werkstatt je nach ihrer Bestimmung und Verwendung untereinander gemischt, um bestimmte Eigenschaften, Farben und Verwendungszwecke zu erhalten. (Ton kann auch durch Hochgeschwindigkeitsmischen, Zugabe von plastifizierenden Zusätzen und Entlüften plastischer, d.h. formbarer gemacht werden.)

Es gibt folgende Tonarten:

Plastischer Ton wird auch als fetter Ton bezeichnet. Er besitzt ein stabiles Gefüge und ist bei der Formgebung sehr belastbar. Er nimmt jede neue Form gut an und behält sie auch. Er eignet sich besonders für plastisches Gestalten, Figuren, feinere Arbeiten und ist gut drehbar, was z.B. in der Keramik bei Vasen usw. eine Rolle spielt.

Magerer Ton besteht meist aus größeren Partikeln und beinhaltet einen hohen Anteil an unplastischem Material wie z.B. Sand. Er ist bei der Formgebung nicht so belastbar wie fetter Ton, kann aber durch Aufbereitung in seiner Formbarkeit verbessert werden. Magerer Ton eignet sich z.B. für grobe, einfache Formen, für die Baukeramik (Kacheln usw.) oder für flächige Elemente, z.B. Reliefs.

Schamottierter Ton
(Körnung 0–0,2 bis 0–4 mm)
Schamotte ist gemahlener, bereits gebrannter Ton. Sie wird dem Ton zugesetzt, um ihm beim Trocknen und Brennen bestimmte Eigenschaften zu verleihen. So bewirkt die Zugabe von Schamotte z.B. eine Verringerung der Gesamtschwindung (jeder Ton schwindet beim Brennen in seiner Masse) sowie ein geringeres Reißen oder Verziehen der Form beim Brennen. Schamotte gibt dem Ton Stabilität und wirkt wie ein Gerüst; sie macht ihn luftdurchlässiger, so daß Gase beim Brennen gut entweichen können.

Rotbrennender Ton ist mit Eisenoxid »verunreinigt» und erhält beim Brennen eine rote Farbe.

Weißbrennender Ton ist meist gemischte Tonmasse mit einem hohen Kaolinanteil.

Braun bis schwarz brennender Ton ist meist magerer Manganton. Diese Tonart kann nur im unteren Temperaturbereich gebrannt werden. Bei hohen Temperaturen schmilzt sie. Man bezeichnet sie auch als früh sinternder Ton. Sintern bedeutet den Temperaturbereich, in dem die einzelnen Bestandteile miteinander verschmelzen und sich verbinden. Die Masse wird fest.

TIP:
Zum Modellieren eignet sich am besten ein halbfetter, wenig und fein schamottierter Ton.

Bezugsquellen

Die Bezugsquellen für Ton sind vielfältig. Kleinere Mengen kann man im Hobby- bzw. Bastelladen kaufen. Auch eine örtliche Töpferei oder ein Keramikbetrieb bieten sich an. Handelt es sich um größere Posten, so wird es sicher günstiger sein, diese im Keramik- und Töpfereibedarf zu erstehen. Man kann außerdem in einer Ziegelei (Dachplatten, Ziegel usw.) oder einem Sanitärkeramikwerk (Waschbecken, Tonrohre usw.) nachfragen.

Ton kauft man meist abgepackt im 10-kg-Hubel, in Polyäthylenbeutel verpackt. Trockenmasse zum selbst Einstampfen gibt es in 5- oder 50-kg-Gebinden. Diese Masse ist im Keramikbedarf erhältlich. Dabei handelt es sich um fertig gemischten, getrockneten Ton.

Lagerung

Haben Sie Ton im Hubel gekauft, so ist dieser im verschlossenen Zustand ca. ein Jahr lagerfähig. Angebrochene Hubel werden mit einem feuchten Tuch abgedeckt und wieder sorgfältig verschlossen. Auch eine Plastiktüte eignet sich zur Abdeckung. Für die Lagerung bieten sich weiterhin leere, gut gereinigte Farbeimer mit festsitzendem Deckel an.

Achtung: Bei der Reinigung den Deckel nicht vergessen, da sonst der Ton durch alte Farbreste verunreinigt wird. Auch bei dieser Lagermöglichkeit empfiehlt es sich, den Ton vor dem Verschließen mit einem feuchten Tuch abzudecken.

Wird der Ton als Trockenmasse gekauft und eingesumpft (Erklärung siehe nachfolgendes Kapitel »Allgemeiner Umgang mit Ton«) so ist es unerläßlich, sich die hierfür notwendige Wanne zu besorgen (Keramik- und Töpfereibedarf).

Allgemeiner Umgang mit Ton

Der im Hubel gekaufte Ton bedarf keiner weiteren Aufbereitung, sondern kann direkt verwendet werden. Wird der Ton als Trockenmasse gekauft, oder will man einen eingetrockneten Ton wiederverwenden, muß dieser erst eingesumpft werden, was relativ mühsam ist.

Dazu wird die trockene Tonmasse (oder der trockene Ton) in Wasser eingeweicht, bis sie vollgesogen ist. Danach muß überschüssiges Wasser entfernt werden, und der Ton sollte etwas trocknen. Anschließend wird er durchgeknetet, geworfen und geklopft, bis er geschmeidig und gleichmäßig strukturiert ist.

TIP:
Zu nasser Ton kann gut auf Gipsplatten getrocknet werden, denn Gips zieht Wasser an.

TIP:
Ist der im Plastikeimer aufbewahrte Ton etwas zu fest geworden, bohrt man z.B. mit einem Kochlöffelstiel mehrere Löcher hinein und gießt anschließend Wasser darauf. Dieses fließt durch die Löcher und der Ton saugt nach und nach die Feuchtigkeit auf, die er benötigt, um wieder geschmeidig zu werden.

Arbeitsplatz

Raum

Wer Freude am Werken und Modellieren hat, für den stellt sich das Problem des Arbeitsplatzes eigentlich gar nicht. Mein Arbeitsplatz ist da, wo ich gerade bin. Es eignet sich jede helle Ecke. Wer jedoch die Möglichkeit hat, sich einen separaten Raum einzurichten, beginnt unter idealen Voraussetzungen. So kann man z.B. begonnene Arbeiten stehen lassen und jederzeit weiter daran arbeiten.

Als Werkstatt eignen sich z.B. ein Hobbyraum, eine Waschküche, ein ausgebauter Speicher oder eine leerstehende Garage. Es ist günstig, wenn ein Wasseranschluß und ein Waschbecken vorhanden sind. Der Raum sollte beheizbar sein. Die Arbeit macht mehr Freude, wenn man sich wohlfühlt.

Zum Modellieren spielt das Licht eine wichtige Rolle. Am idealsten wäre Tageslicht. Ist dies nicht machbar, so sollte der gesamte Raum gut ausgeleuchtet sein, so daß am modellierten Objekt keine harten Schlagschatten entstehen.

> **TIP:**
> Beim Arbeiten mit Ton fallen oft Krümel zu Boden. Sie treten sich an den Schuhen fest und man trägt sie durchs ganze Haus. Am besten ist es, beim Verlassen des Arbeitsbereiches die Schuhe zu wechseln.

Modellierböcke, Drehscheiben

Modellieren kann man auf jedem stabilen Tisch. Um nicht immer die ganze Arbeit drehen zu müssen (beim Modellieren der Seite und Rückseite) ist es günstig, sich eine leicht drehbare Arbeitsunterlage zu besorgen (z.B. ein alter Drehhocker).

In Keramikbedarfsläden werden auch Ränderscheiben angeboten.

> **TIP:**
> Bei der Beschaffung einer solchen Ränderscheibe sollte man darauf achten, daß sie arretierbar ist. Dies verhindert ein Wegdrehen der Arbeit, wenn mit Druck am Ton gearbeitet werden muß.

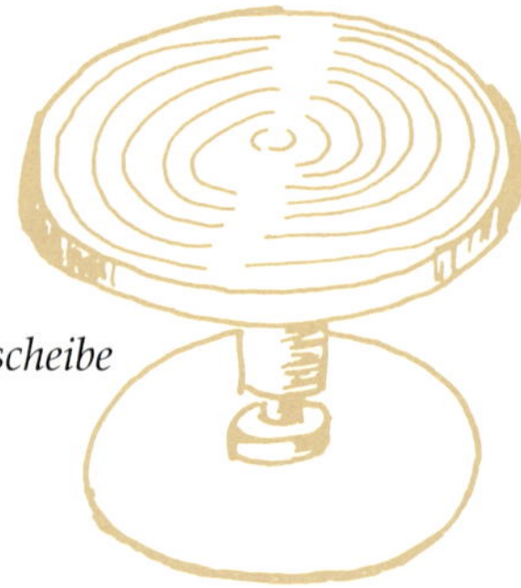

Ränderscheibe

Wer das Modellieren intensiver betreiben will, kommt nicht umhin, sich einen Modellierbock (Modellierdrehstuhl) anzuschaffen. Er ist in der Höhe verstellbar und hat eine drehbare Platte (arretierbar), die sich in senkrechte Stellung umstecken läßt. Diese Möglichkeit kommt einem bei der Reliefarbeit zugute. Den Modellierbock gibt es auch in einfacherer Ausführung mit runder Arbeitsplatte im Keramikbedarf.

Geschickte Bastler können sich auch selbst einen Modellierbock bauen. Man benötigt hierzu folgendes Material:

- 3 Kanthölzer, 4 x 5 cm dick, ca. 123 cm lang
- 1 dreieckiges Brett (Tischlerplatte), Seitenlänge ca. 50 cm. Die Ecken müssen gekappt werden, so daß eine Gerade von 4 cm Länge entsteht.
- 1 beschichtete, runde Spanplatte, 30 cm Durchmesser
- 1 beschichtete Spanplatte, 30 x 30 cm
- 1 Rundstab, 2 cm Durchmesser, 10 cm lang
- 3 Holzklötze, 4 x 5 cm dick, 10 cm lang
- 9 Holzschrauben

Arbeitsanleitung

Die drei Kanthölzer werden in einer Höhe von ca. 25 cm an die gekappten Ecken der dreieckigen Platte geschraubt. Die kreisförmige, beschichtete Spanplatte wird in der Mitte mit einem Radius von 2 cm

Modellierbock (Fa. König)

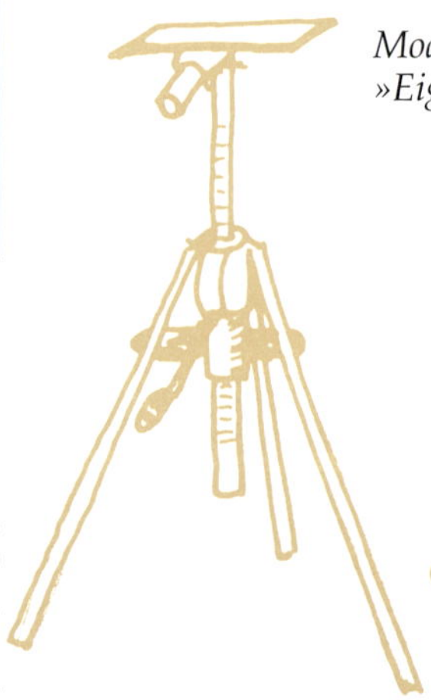

Modellierbock »Eigenbau«

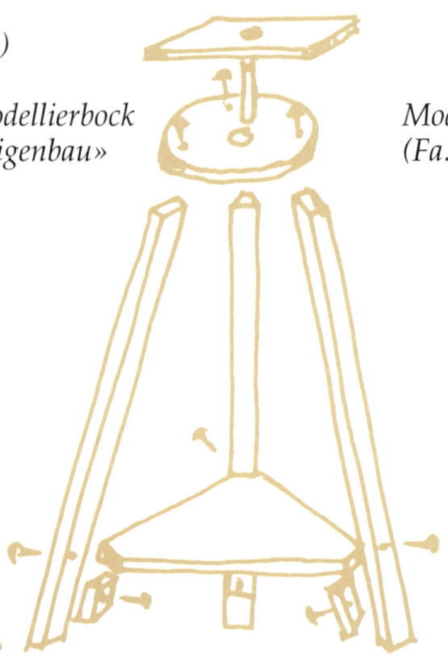

Modellierschemel (Fa. Jäger)

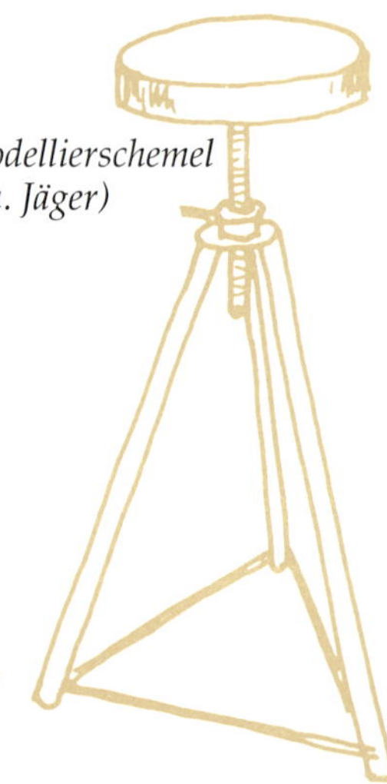

durchbohrt und auf die Stirnseite der Kanthölzer aufgeschraubt. Zur Verstärkung wird unter das dreieckige Brett an jeder Stütze ein kleiner Auflageklotz geschraubt. In das viereckige Brett (30 x 30 cm) wird ebenfalls in der Mitte ein 2 cm starkes Loch gebohrt. Darin wird der Rundstab festgeleimt. Zur besseren Haltbarkeit kann man den Rundstab zusätzlich verkeilen. Dieses Brett wird nun mit dem Rundstab auf den Bock aufgesetzt, wobei der Stab als Führung in das runde Brett gesteckt wird.

Durch die Beschichtung läßt sich das obere Brett gut drehen. Notfalls hilft ein Tropfen Olivenöl.

Gerüstbau

Zum Herstellen von Terrakotten benötigt man nur wenige Stützgerüste, im Gegensatz zu Großplastiken und Bildhauerarbeiten, die später abgeformt werden sollen.

Diese Gerüste haben die Aufgabe, den Tonaufbau zu stabilisieren, d.h. ein Abgleiten des Tons oder ein Insichzusammensinken beim Modellieren zu verhindern.

Gerüst für ein Relief

Wird ein Relief flach auf dem Tisch oder Modellierbock gearbeitet, reicht ein Holzbrett (beschichtete Spanplatte) als Arbeitsunterlage aus.

Soll das Relief später im fertigen Zustand an der Wand hängen, so ist es von großem Vorteil, schon in der Arbeitsphase das Brett schräg oder sogar vertikal zu stellen. Am besten geeignet ist eine Staffelei. Man behält gut den Überblick und erarbeitet leichter die Proportionen. Generell erleichtert diese Methode das Modellieren. Allerdings kann es passieren, daß der aufgetragene Ton durch sein Eigengewicht abrutscht. Um dies zu verhindern, genügt es meist, an die Unterkante des Arbeitsbrettes eine Leiste zu nageln bzw. zu schrauben, die 1 bis 2 Zentimeter über die Brettkante herausragt.

Lösen der Tonplatte vom Brett mit Hilfe des Schneidedrahtes

Brett für senkrechtes Reliefmodellieren

Will man nach dem Modellieren das Relief von der Arbeitsplatte entfernen, um es zu brennen, hat sich folgende Methode bewährt:

> **TIP:**
> Bei beschichteten Spanplatten haftet der Ton sehr gut. Es kann daher vorkommen, daß er Risse bekommt, sobald er trocken ist. Um das zu verhindern, muß er im noch feuchten Zustand mit einem Schneidedraht vom Brett gelöst werden. Hierfür eignet sich z.B. eine alte Gitarrenseite, an deren beiden Enden ein Holzklötzchen befestigt ist.

Gerüst für ein Großrelief oder eine Abformung

Ist es bei einem Relief erforderlich, viel Masse aufzutragen, muß diese gesichert werden (Gefahr des Abrutschens). Zu diesem Zweck schlägt man in das Arbeitsbrett mehrere Nägel. Sie bleiben ca. ein bis zwei Zentimeter über dem Brettrand erhaben (je nach Reliefdicke) und können zusätzlich mit Draht verbunden werden.

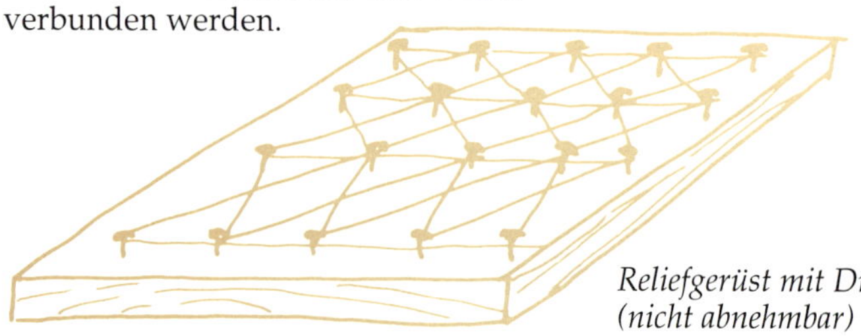

Reliefgerüst mit Draht und Nägeln (nicht abnehmbar)

Wichtig:
Dieses Relief kann nicht zum Brennen abgenommen werden. Es eignet sich nur zum Abformen. Würde man versuchen, es aus dem Nagel-Drahtgerüst zu heben, ginge es kaputt.

Kopfgerüst

Um einen vollplastischen Kopf aus Ton zu modellieren, benötigt man ein Gerüst aus Draht, damit der Ton nicht in sich zusammenfällt und/oder abrutscht.

Anleitung: Auf ein Holzbrett von ca. 30 x 30 cm Grundfläche und 3 cm Dicke werden an der Unterseite rechts und links zwei Leisten, 30 cm lang und 3 x 3 cm dick, genagelt. Der Abstand zum Brettrand soll so groß sein, daß man mit den Fingern gut unter das Brett greifen kann (ca. 4 cm).

Brett für Kopfgerüst (von unten)

Kopfgerüst

In die Mitte der Platte wird nun ein Loch von 2 cm Durchmesser gebohrt. In dieses Loch steckt man von oben ein ca. 35 cm langes Metallrohr (z.B. Wasserleitungsrohr). Dabei ist zu beachten, daß das Rohr ganz fest sitzt. Erhältlich ist es z.B. in Eisenwarenläden, beim Klempner, im Baumarkt oder im Sanitärfachhandel).

Einfache Befestigung des Kopfgerüstes durch Eindrehen mit Gewinde

Vorteilhaft für die Festigkeit ist außerdem, wenn auf das Rohr ein Gewinde geschnitten ist (dies kann ein Schlosser machen). Das Gewinde sollte dann fest im Loch stecken. Soll das Gerüst öfters benutzt werden, steckt man das Metallrohr nach unten durch und arretiert es mit zwei Muttern.

Befestigung des Kopfgerüstes mit zwei Muttern

In das Rohr steckt man einen zum Knäuel gebogenen Zinkdraht. Das ganze Gerüst sollte aussehen wie ein Schneebesen. In alle Zwischenräume stopft man nun altes Zeitungspapier. Zum Abschluß wird noch eine Papiertüte darübergestülpt und fest angepreßt.

Diese Art des Gerüstbaus hat den Vorteil, daß sich der ganze Kopf abnehmen läßt, wenn er weiter bearbeitet werden soll, z.B. beim Aushöhlen und Brennen (siehe Kapitel Porträtkopf, Seite 49ff.).

Hängt der Kopf ohne Auflage frei auf dem Gerüst, ist es ratsam, eine Holzleiste zwischen Boden und Hals zu klemmen. Es kann sonst passieren, daß der ganze Kopf absinkt.

Gut eignet sich auch eine große Mutter, die quer durchbohrt und mit einem Gewinde versehen ist. Mit einer Schraube kann sie an jeder beliebigen Stelle am Rohr fixiert werden.

Mutter mit Feststellschraube

Führt man die Mutter über das Metallrohr (dies sollte gleich nach dem Aufstecken des Rohres in die Platte geschehen), so ist es günstig, eine Beilagscheibe oder ein flaches, durchbohrtes Holzbrettchen zwischen Mutter und dem späteren modellierten Kopf anzubringen. Das Holzbrettchen sollte schmäler sein als das darauf ruhende Teil, um das Modellieren nicht zu behindern.

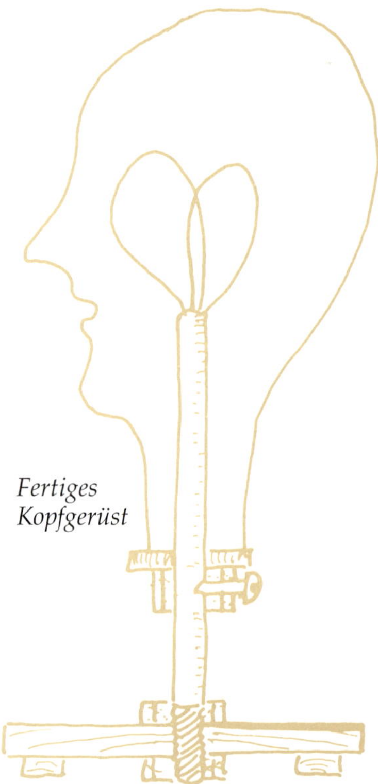

Fertiges Kopfgerüst

Universalgerüst für stehende Kleinplastiken

Beim Modellieren von stehenden Kleinplastiken stellt sich immer das Problem, daß sie durch das Gewicht des Tons in sich zusammensinken. Sehr hilfreich ist das hier beschriebene Gerüst.

Material:
- 1 Brett oder beschichtete Spanplatte, 30 x 30 x 2 cm
- verzinkte Gewindestange M 12 (12 mm), 40 cm lang
- 3 Muttern, 12 mm
- 2 Beilagscheiben
- 1 Gewindestange M 6 (6 mm), ca. 5 cm lang
- 1 Eisenstab, 6 mm dick, ca. 13 cm lang

Anleitung: An der Unterseite eines Bretts (30 x 30 cm) werden rechts und links zwei Leisten befestigt. Durch diese steht das Brett fest auf der Unterlage. Mit den Fingern kann man gut unter das Brett fassen und es leicht wegheben.

Auf der Mittellinie der Platte, ca. 5 cm vom Rand entfernt, wird ein Loch mit 12 mm Durchmesser gebohrt. Die Gewindestange wird so hineingesteckt, daß das lange Ende oben herausragt. Mit je einer Mutter und Beilagscheibe wird sie von oben und unten befestigt.

Befestigung der Gewindestange mit zwei Muttern und Beilagscheiben

Die dritte Mutter wird von einer Seite durchbohrt und ein Gewinde eingeschnitten. (Hierzu kann man sich an einen Schlosser wenden.) Auf die kleine Gewindestange wird der zum »U« gebogene Eisenstab (6 mm stark) angeschweißt.

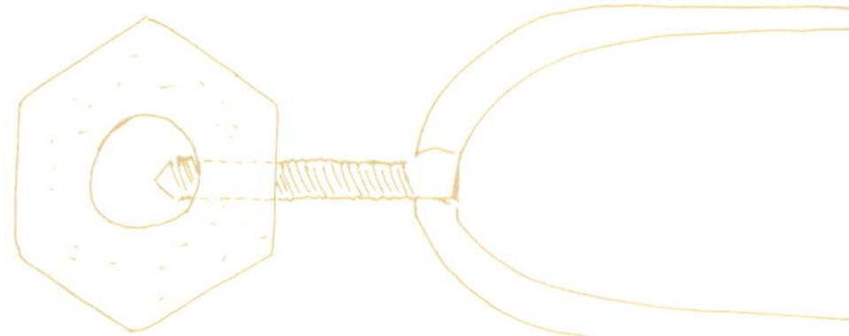

Mutter mit Gabel

Diese zweizinkige Gabel wird nun in die Mutter geschraubt und das Ganze wiederum auf die Gewindestange. Man kann nun in jeder beliebigen Höhe arbeiten. Durch Festdrehen der Zinken läßt sich die Höhe auch fixieren.

Universalgerüst

Sonstige Gerüste

Die folgenden Gerüste verwendet man für Bildhauerarbeiten, die nicht gebrannt, sondern in Gips oder Silikon abgeformt werden. Mit Hilfe dieser Gips- und Silikonformen entstehen dann später z.B. Betongüsse, Bronzegüsse usw.

Figurgerüst

An einem »Galgen« (gebogene Vierkant-Eisenstange) wird ein aus Metallstangen gebogenes Gerüst befestigt. Zur Befestigung dient generell Draht.

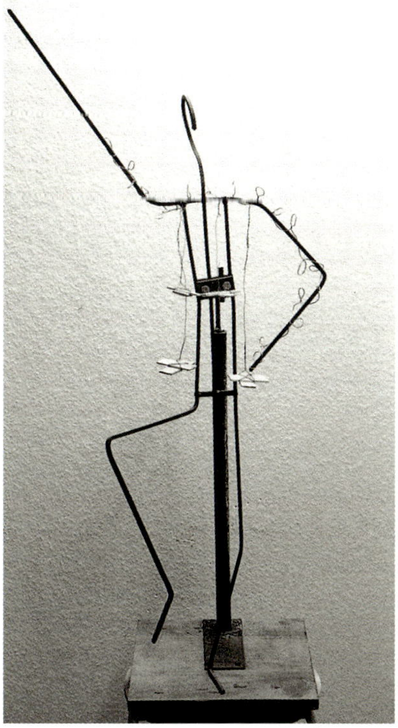

Das Gerüst entspricht in etwa dem Knochengerüst des Menschen und zeigt bereits die gewünschte Körperhaltung.

Aus einem dünnen, weichen Eisendraht werden kleine Schlingen am laufenden Draht gebogen.

Drahtschlingen

Mit diesem langen Schlingendraht wird das Gerüst umwickelt. Der Ton kann sich in den Schlingen gut halten.

Ist mit größeren Massen, also mit mehr Gewicht zu rechnen, müssen zusätzlich »Schmetterlinge« hergestellt werden. Von dünnen Holzleisten werden dünne Stücke abgeschnitten. Jeweils zwei davon überkreuzt man und bindet sie mit Draht fest zusammen. Das lange Ende des Drahtes befestigt man wiederum am Gerüst.
Die Tonmasse kann fest im Schmetterling hängen. Die Schmetterlinge sind flexibel, so daß sie verschoben werden können, wenn sie bei der Arbeit im Wege sind.

Schmetterling

Tiergerüst

Das Gerüst für eine Tierplastik ist ähnlich wie ein Figurgerüst aufgebaut. Bei einem Vierbeiner ist der Galgen jedoch überflüssig.

Um Ton zu sparen, kann der große Hohlraum im Inneren mit Papier oder Styropor ausgefüllt werden, soweit dies beim Arbeiten nicht hinderlich ist.

Wichtig:
Figur- und Tiergerüste sind nicht für Terrakotten geeignet!

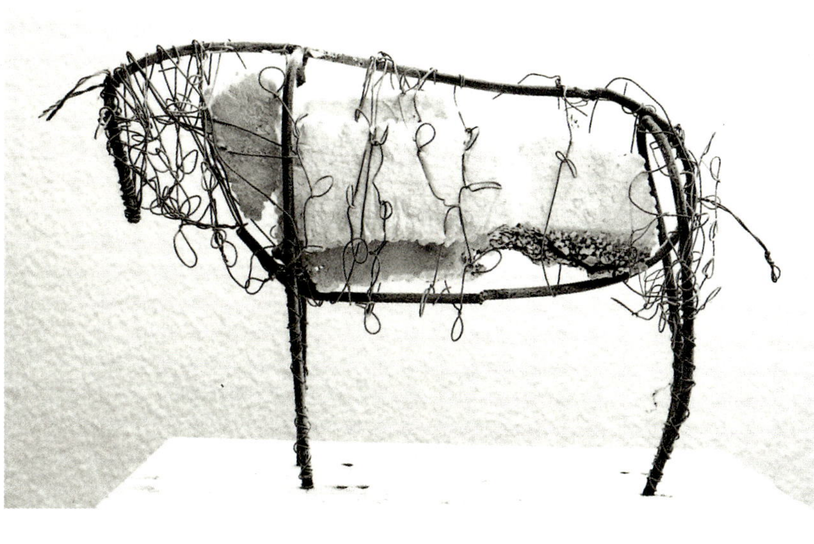

Werkzeuge

Das wichtigste Werkzeug beim Modellieren sind die Hände. Sie kneten, tragen Ton an, verstreichen, drücken und ziehen. Beidhändig, einhändig und mit den einzelnen Fingern wird geformt und gebogen.

Ab einem bestimmten Stadium ist es natürlich hilfreich, mit Werkzeugen zu arbeiten.

Modellierhölzer

Die einfachsten Werkzeuge zum Formen sind die Modellierhölzer. Aus Buchsbaum geschnitzt und anschließend geölt, sind sie in verschiedenen Formen erhältlich. Kleine Modellierhölzer werden auch als Modellierstäbchen bezeichnet. Am Anfang reichen zwei bis drei Hölzer. Es wird sich während der Arbeit schnell herausstellen, welche Sie bevorzugen (Bezugsquellen sind Bastelladen, Keramikzubehör oder Künstlerbedarf). Meine liebsten Hölzer sind:

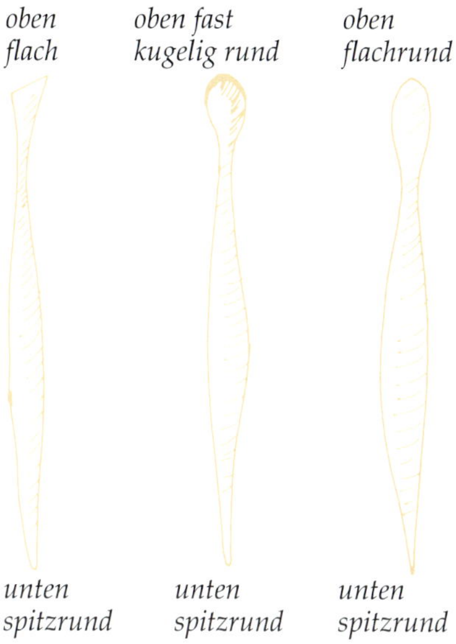

Spachteln

Spachteln sind aus federndem, biegsamen Metall geschmiedet. Einfache Malerspachteln mit Holzgriff finden für grobe Arbeiten Verwendung. Modellierspachteln für feinere Arbeiten haben zwei Seiten, die unterschiedlich geformt sind. Spitze Spachteln werden auch Lanzette genannt.

Zahnarztbesteck (kleine Spachteln), das Sie evtl. auf Flohmärkten finden, leistet bei ganz feinen Arbeiten und dem Herausarbeiten von Details gute Dienste.

Malerspachtel *Modellier-spachtel* *Lanzette*

Sehr gut geeignet sind auch die italienischen Gipserwerkzeuge, die Bossiereisen. Sie sind handgeschmiedet, elastisch und in den unterschiedlichsten Formen erhältlich (Bastelladen, Keramikzubehör, Künstlerbedarf).

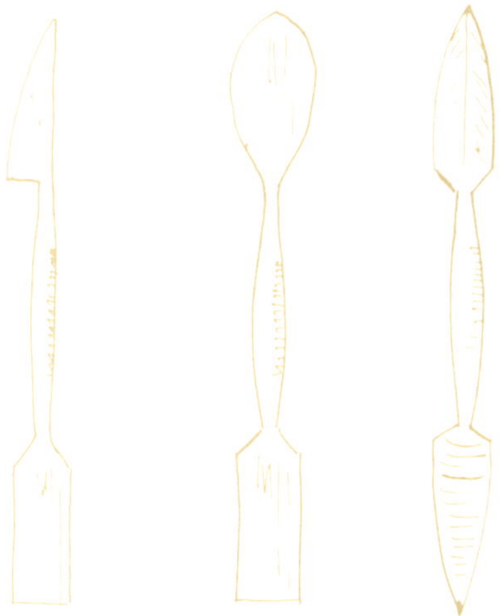

Verschiedene Bossiereisen

Modellierschlingen

Modellierschlingen werden zum Abtragen und Aushöhlen von Ton verwendet. Sie bestehen meist aus einem hölzernen Haltegriff, an dem eine Schlinge aus Flacheisen oder Messing befestigt ist, die auch gezahnt sein kann.

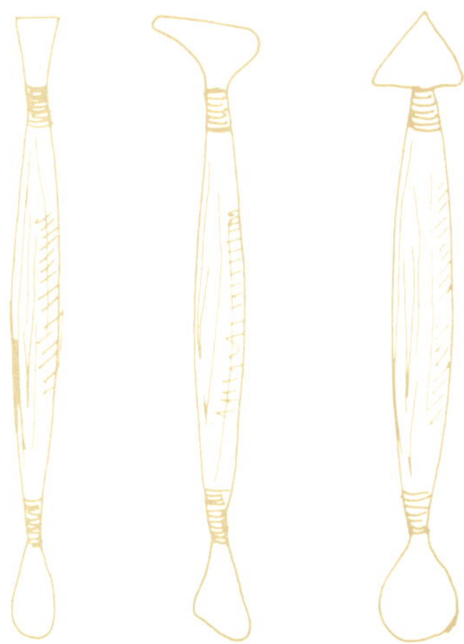

Verschiedene Modellierschlingen

Es gibt Modellierschlingen mit nur einer Schlinge. Das andere Ende ist dann als Modellierholz ausgeformt. Als Alternative findet man Modellierschlingen mit je oben und unten einem Draht.

Aus der Vielfalt der Formen sucht man sich am besten drei heraus (erhältlich im Bastelladen, Keramikzubehör, Künstlerbedarf).

Sonstige Werkzeuge

Das **Schlagholz** verwendet man zum Verdichten und Glätten des Tons. Aus einem Vierkantholz kann man es leicht selbst herstellen, indem man auf einer Seite einen Griff schnitzt. Ein einfaches Holzstück erfüllt ebenfalls seinen Zweck.
Schneidedraht wird zum Abschneiden, Durchtrennen und Lösen von Ton genommen. Die genaue Handhabung ist im Kapitel »Gerüst für ein Relief« (Seite 10) beschrieben. Schneidedraht kann aus einer alten Gitarrensaite gefertigt werden, an deren beiden Enden Holzklötzchen befestigt sind.
Einen **Dorn,** der sich ganz einfach aus einem kleinen Haselnußast und einem aufgesteckten Nagel herstellen läßt, braucht man zum Modellieren von Details.
Teigschaber aus dem Haushaltswarenladen eignen sich gut zum Glattziehen von größeren Flächen und Rundungen.
Pinsel und **Schwamm** benötigt man, um die Oberfläche zu glätten.
Modellierzirkel aus Holz oder Metall braucht man zum Abtasten von Verhältnislängen und zum Vergleich von Längen. Wegen seiner runden Schenkel wird er auch »Bauchzirkel« genannt (erhältlich im Bastelladen, Keramikzubehör, Künstlerbedarf).
Ansonsten braucht man noch eine Blumenspritze (Zerstäuber), Lappen, Handtuch (zum Reinigen der Werkzeuge und feucht Abdecken der Arbeiten) und gute Laune!

Fantasiekopf

Als erste Übung modellieren wir einen Fantasiekopf (z.B. Maske, Fratze, Schönling). Hierbei können wir völlig frei gestalten, z.B. lange Nase, große Ohren, schiefer Mund und schielende, lustige Augen. Alle wichtigen Elemente des Gesichts können erprobt werden.

1 Zu Beginn der Arbeit benötigen wir als Unterlage ein Brett, ca. 30 x 30 cm. Gut geeignet sind beschichtete Spanplatten vom Schreiner oder aus dem Baumarkt. Durch die Beschichtung haftet der Ton fest auf dem Brett und verrutscht nicht.

2 Ein Klumpen gut durchgekneteter Ton, etwa in der Größe des Kopfes, wird auf das Brett geklatscht und festgedrückt. Es sollten keine Luftblasen mehr im Ton sein.

3 Mit den Fingern beginnt man, die Gesichtsformen herauszudrücken. Von der Nase als höchstem Punkt ausgehend, streicht man den Ton seitwärts aus und erhält so die Wangen. Die Augenhöhlen werden eingedrückt und Kügelchen als Augen eingebettet. Die Lippen drückt man wulstig nach oben und unten.

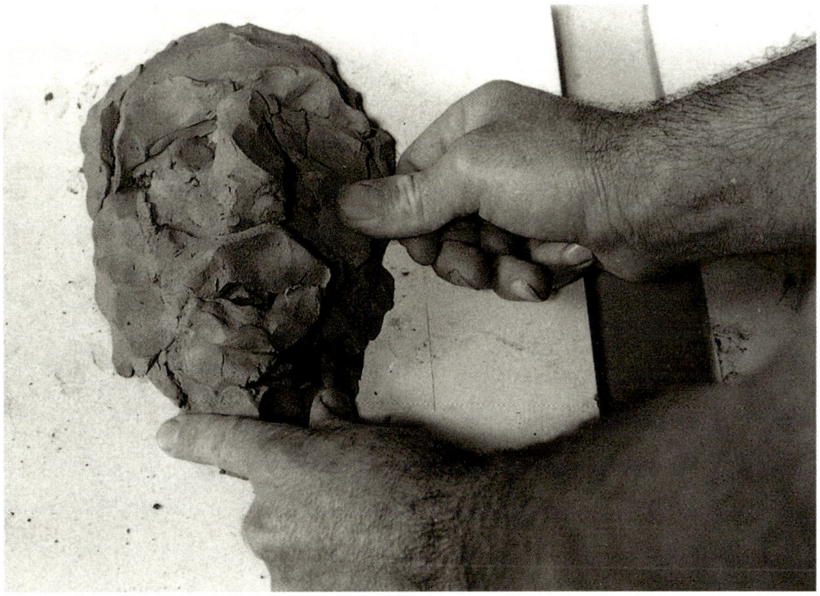

4 Wo Masse fehlt, trägt man nochmals Ton auf, z.B. am Stirnwulst und an den Ohren.

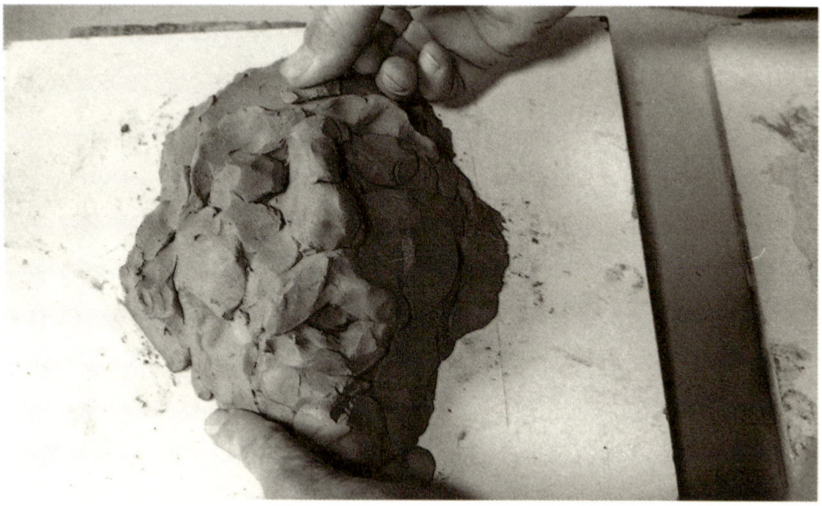

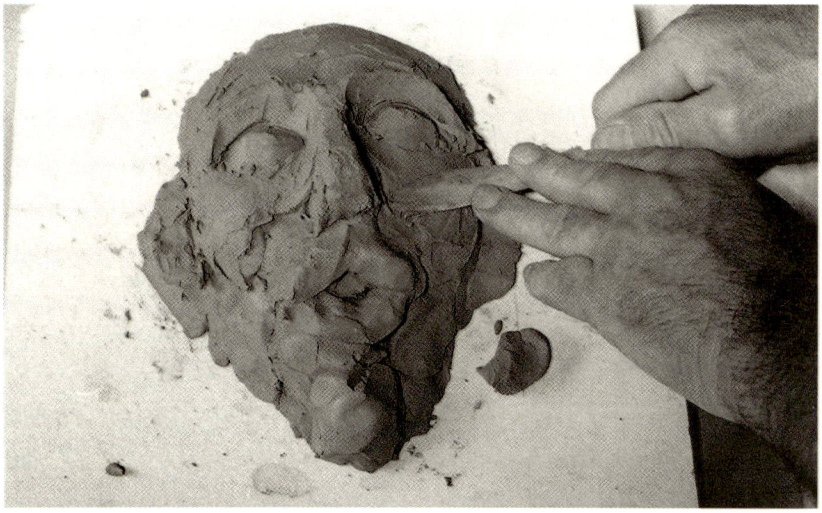

5 Hat man das Volumen des Gesichts proportionsgerecht aufgetragen, beginnt man mit einer Spachtel (Lanzette) oder einem flachen, spitz zulaufenden Modellierholz mit dem feineren Ausformen. Die Augenhöhlen werden von der Nasenwurzel halbkreisförmig nachgezogen. Dann glättet man die Wangen in Richtung Mundwulst. Dabei ist zu beachten, daß das Modellierholz oder die Lanzette immer dem Formenverlauf entsprechend geführt wird.

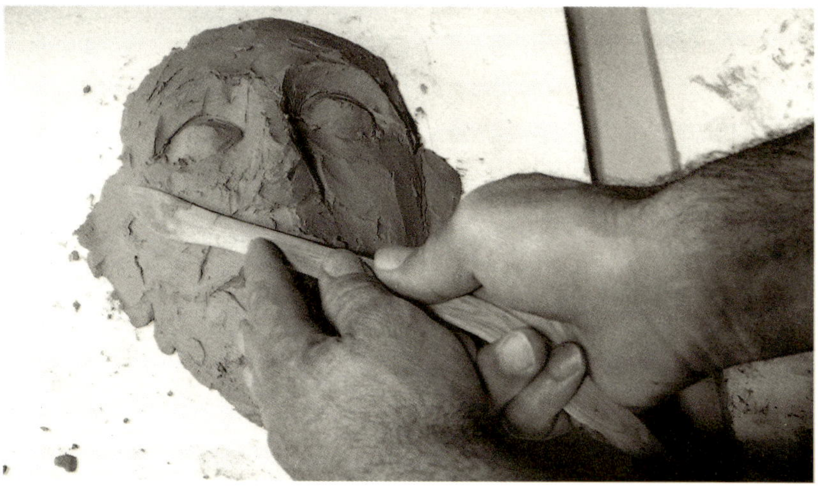

6 Durch leichtes Drehen des Werkzeugs kann man den Druck noch verstärken und so den Ausdruck festlegen.

7 Mit einem spitzen Modellierstäbchen werden die Nasenflügel innen und außen modelliert. Hierbei muß auf die Gesamtform von Mund und Nase geachtet werden.

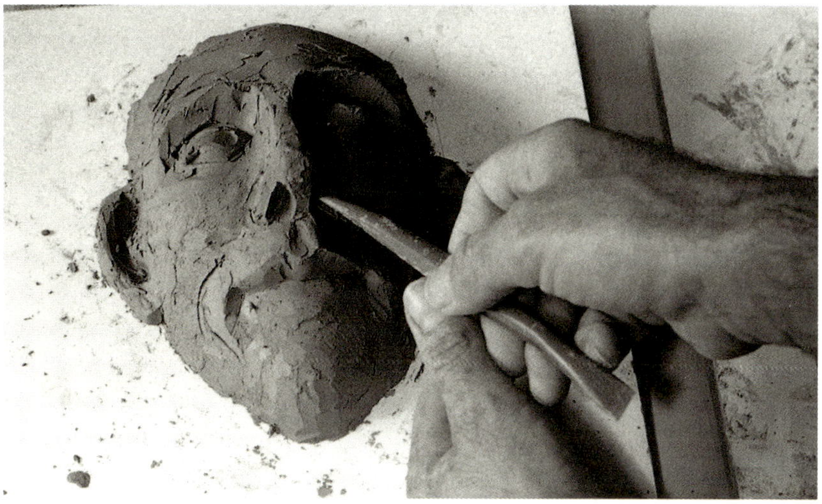

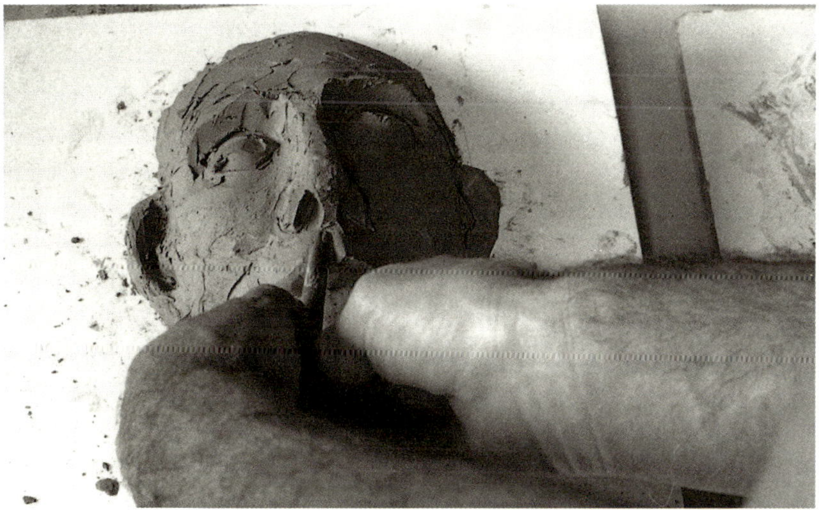

8 Aus den Nasenlöchern heraus ergibt sich schon der leichte Schwung der Oberlippe, also feine, runde Übergänge modellieren.

Prägnant für den Mund ist die Furche zwischen Nasenscheidewand und Oberlippe und die Linienführung der Oberlippe. Diese bestimmt zum Teil die Form der Unterlippe mit.

9 Die Augen werden zuerst als ganze, ovale Form angelegt. Mit einem feinen Werkzeug (z.B. kleine Spachtel, spitz zulaufende Modellierschlinge oder Zahnarztbesteck) werden Ober- und Unterlid herausgearbeitet, wobei der Augapfel etwas tiefer liegt. Dabei ist zu beachten, daß sich beide Augen auf gleicher Höhe, d.h. auf einer Linie, befinden.

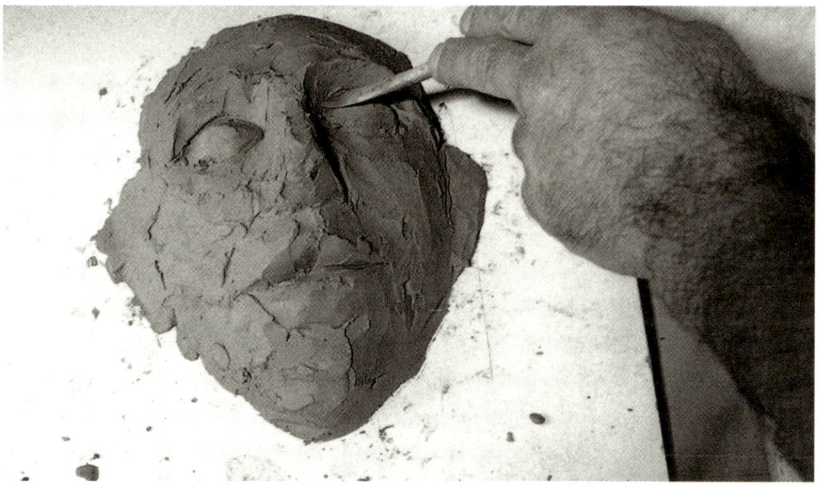

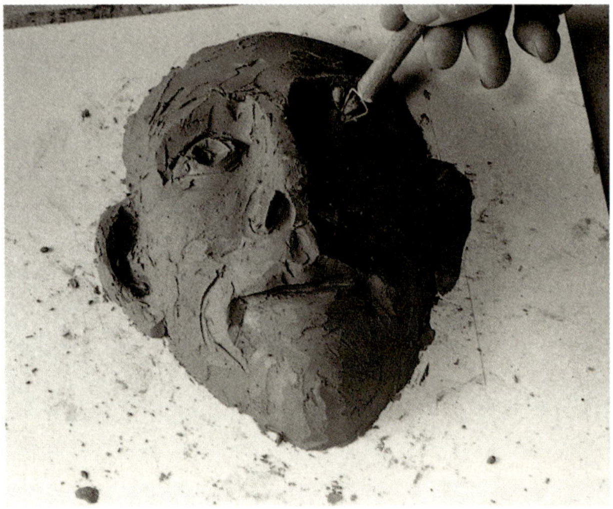

10 Mit einer spitzen Modellierschlinge werden die Pupillen geformt. Man kann sie entweder ganz aushöhlen, so daß sich ein Loch bildet, oder sie nur umranden und so vom übrigen Augapfel absetzen.

11 Die Haare werden am besten auf die fertig modellierte Stirn aufgetragen. Mit einem Modellierholz können sie beliebig geformt werden. Die Stirnpartie und der neu aufgetragene Ton müssen sich dabei gut verbinden. Ist die Stirn schon etwas trocken, sprüht man Wasser aus einer Blumenspritze auf und drückt den Ton anschließend gut fest.

Ist man bei diesem Arbeitsschritt zu nachlässig, kann es passieren, daß beim späteren Brennen der nachträglich aufgetragene Ton wieder abplatzt. Dies gilt grundsätzlich immer, wenn im nachhinein Ton zugefügt wird.

12 Um den Fantasiekopf abnehmen zu können, trennt man ihn im noch feuchten Zustand mit einem dünnen Draht vom Brett, d.h. man zieht den Draht zwischen Brett und Ton durch, so daß sich der Kopf leicht lösen läßt. Es ist ratsam, die Arbeit vor dem Brennen hinten etwas auszuhöhlen. So verringert sich die Gefahr des Reißens beim Schrühbrand (siehe »Porträtkopf«, Seite 50 ff.). Wichtig ist eine ausreichende Trocknungszeit vor dem Brennen.

Will man das lustige Gesicht an der Wand befestigen, sollte man vor dem Brennen mit den Fingern oder einem Hölzchen ein kleines Loch in den weichen Ton bohren.

Der Kopf kann nach dem Brand mit Glasur farbig bemalt werden. Danach erfolgt der Glasurbrand.

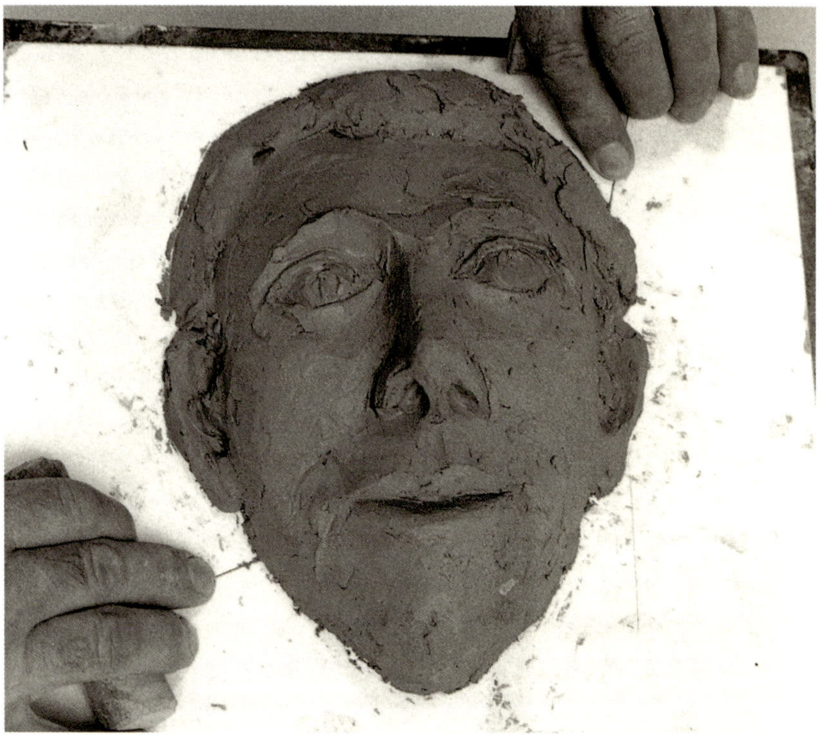

Katze

Ein Tier mit seiner geschlossenen Form, wie hier eine sitzende Katze (oder auch ein Bär oder Lamm), eignet sich sehr gut für eine Terrakottaplastik. Die Formen sind großzügig und klar. Es ist nicht wichtig, daß eine bestimmte Katze dargestellt wird. Man kann völlig frei nach seiner Fantasie arbeiten. Jeder wird so seine eigene Katze gestalten.

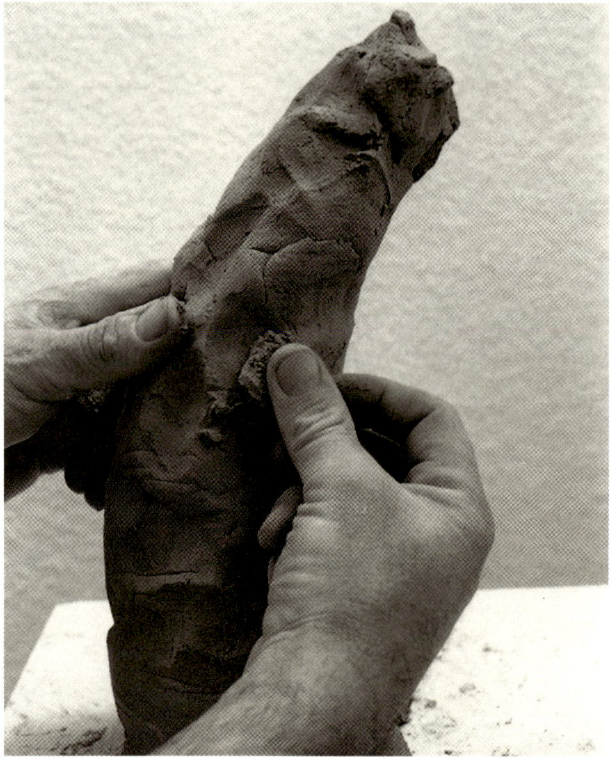

1 Auf einem Brett, Maße ca. 30 x 30 cm, wird der Rumpf des Katzenkörpers aufgebaut. Man nimmt Tonklumpen für Tonklumpen und drückt diese mit streichenden Bewegungen fest aneinander.

2 Um sie noch mehr zu verdichten, werden sie mit einem Stück Holz geschlagen. Bei diesem Vorgang hält man mit der anderen Hand dagegen, um ein Umfallen zu verhindern.

3 Der Kopf wird aufgesetzt, die Ohren angedeutet, und die Vorderbeine modelliert. Wichtig ist dabei, immer auf die Proportionen zu achten. Es empfiehlt sich, den Kopf am Anfang etwas kleiner zu halten, um später mehr Masse hinzuzufügen.

4 Mit dem Schlagholz wird der Ton immer wieder verdichtet, um Hohlräume und Luftblasen gar nicht erst entstehen zu lassen, durch die der Ton beim Brennen zerplatzen könnte. Man kann mit dem Schlagholz auch schon die aufmodellierte Form verdeutlichen, d.h. die Schultern herausarbeiten, den Rücken, die Hinterschenkel und den Schwanz.

5 Die sich durch das Fell abzeichnenden Muskeln und die Gliedmaßen werden exakter geformt, Kopfgröße und Körperform aufeinander abgestimmt.

6 Nun wird mit Hilfe der Spachtel weitergearbeitet. Durch Eindrücken des Tons wird die Position der Augen festgelegt. Daran schließen sich Nasenrücken und Schnäuzchen.

7 Durch Drücken und gleichzeitiges Drehen der Spachtel in der Längsachse wird das Schnäuzchen modelliert.

8 Nacken und Brust werden in ihrem Volumen durch zusätzlichen Auftrag von Ton verstärkt.

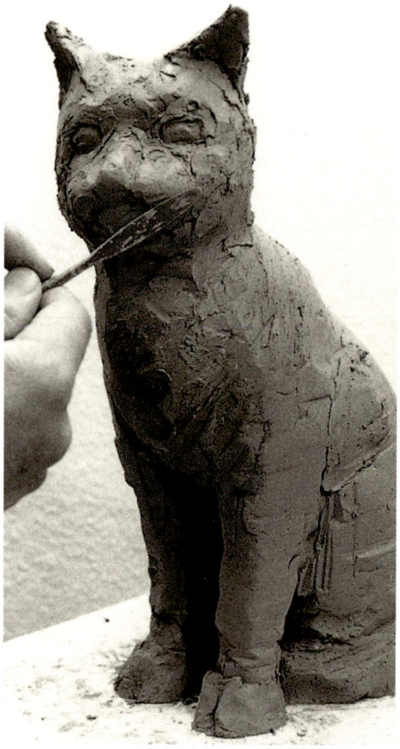

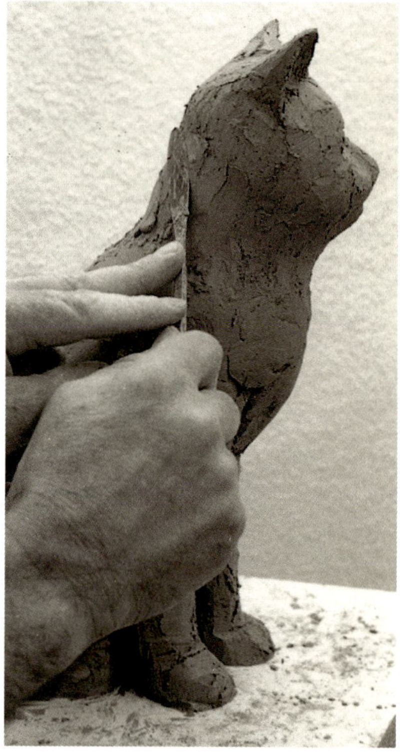

9 Mit einem Teigschaber beginnt man nun, die Oberfläche zu glätten. Der Schaber wird dazu mit dem Daumen von hinten gedrückt, damit sich eine leichte Hohlform ergibt, die sich den Körperformen der Katze anpaßt und auf eine gerundete Form hinausläuft.

10 Auch der Kopf läßt sich gut mit einem Teigschaber glätten. Es ist wiederum darauf zu achten, daß sich die Bewegung der Hand der Gestalt der Katze anpaßt.

11 Mit einer kleinen Spachtel werden die Details modelliert. Die mandelförmigen Augen können gut mit der Spitze der Spachtel gebildet werden. Wichtig ist der Übergang von der Nase zum Mund.

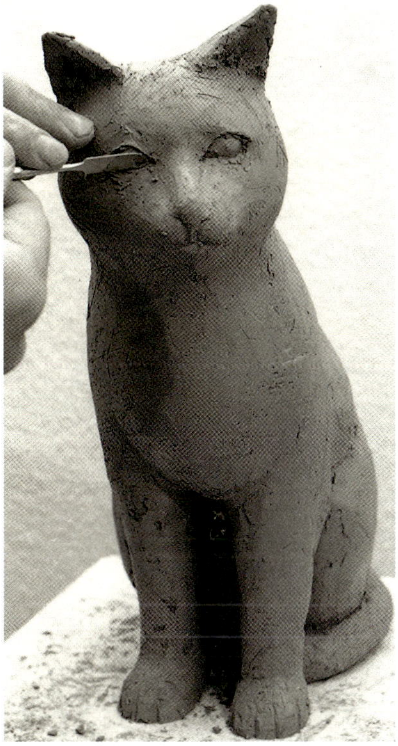

12 Die Oberflächenstruktur kann etwas rauher bleiben, wie vom Teigschaber vorgegeben. Wer sie unbedingt glatt haben möchte, kann sie mit einem feuchten Schwamm nacharbeiten.

13 Zum Brennen muß die Katze ausgehöhlt werden. Hierzu wird sie mit dem Draht in zwei Hälften geschnitten. Um nachher beim Zusammenfügen möglichst wenig Details nacharbeiten zu müssen, sucht man sich die günstigste Trennungslinie. Diese wird mit einem spitzen Stift angezeichnet. Mit dem Draht schneidet man dann den Körper entlang der Trennungslinie in zwei Teile. Aushöhlen und Zusammenfügen erfolgen wie beim »Porträtkopf« (Seite 50 ff.) beschrieben.

Urlaub am Strand (Relief)

Der Reiz eines Reliefs liegt in seiner Zweischichtigkeit. Es gleicht einer Verbindung von Zeichnung und Plastik, indem es von der Fläche zum Erhabenen übergeht und sogar dreidimensional aus der Fläche herausragen kann.

Das hier gezeigte Relief ist massiv aus Ton modelliert. Bei dickeren Teilen empfiehlt es sich, sie nach Fertigstellung von hinten leicht auszuhöhlen, um die Gefahr des Zerspringens beim Brand zu verringern.

1 Auf einer beschichteten Spanplatte, Maße ca. 50 x 40 cm, wird der Ton in einer Stärke von ca. 1 cm aufgetragen.

2 Anschließend wird er mit einem Schlagholz verdichtet und mit einer Spachtel geglättet.

3 Das Relief kann liegend auf dem Tisch gearbeitet werden. Am Anfang, zum Aufzeichnen und Modellieren, ist es von Vorteil, das Arbeitsbrett schräg zu stellen. Beim Schrägstellen muß durch eine Leiste am unteren Brettrand das Abrutschen des Tons verhindert werden (siehe auch Kapitel »Gerüst für ein Relief«, Seite 10).

4 Jetzt wird der Entwurf mit einem Nagel oder einem spitzen Modellierholz in den Ton gezeichnet. Radiert wird, indem mit einer Spachtel der falsche Strich geglättet wird. Man sollte darauf achten, daß der Entwurf die vorhandene Fläche gut nutzt.

5 Zu Beginn trägt man den Ton in kleinen Portionen auf. Dabei ist es wichtig, überlegt zu arbeiten, und sich immer wieder die Körperformen des Menschen in Erinnerung zu rufen. Wo viel Masse ist, mehr Ton auftragen, aber immer in kleinen Mengen. Das ist übersichtlicher und läßt sich leichter korrigieren.

6 Nun wird die Masse des Körpers grob geformt. Dieser Arbeitsschritt geschieht am besten mit einer spitzen Spachtel (Lanzette) oder einem Modellierholz. Wo noch zu wenig Ton ist, wird mit einer Spachtel zusätzlich aufgetragen. Das Modellierholz bzw. die Lanzette wird immer der Form nach bewegt, um eine Oberflächenspannung in der modellierten Masse zu gewährleisten.

7 Das Bein wird z.B. in seinem Querschnitt geformt, wobei die Wade etwas mehr Volumen erhält, d.h. es ist mehr als nur eine Tonwulst.

Bei den Körpern ist es wichtig, Volumen durch den Tonauftrag zu erzeugen, um damit aus der Fläche herauszutreten. Die Köpfe heben sich als länglich geformte Masse ab, der Rumpf wird an den Seiten rund geformt. Die Höhe von Bauch und Brüsten ergibt ein Wechselspiel zwischen den einzelnen Formen und Höhen.

8 Um den Ton auch an abstehenden Teilen, wie z.B. dem Bein, zu verdichten, wird er mit einem kleinen Holzstück leicht gestampft oder geschlagen. Diese Maßnahme hat den zusätzlichen bildnerischen Effekt, daß die Form »geschlossener« wirkt, d.h. eine durchgehende Oberfläche erhält.

10 Ist das Relief fertig angelegt, werden mit einer feinen Spachtel (z.B. Zahnarztspachtel) Feinheiten und Details herausgearbeitet. Bei den Badeanzügen trägt man z.B. an den Kleidungsrändern etwas Ton auf. Ein abschließender Spachtelstrich unterscheidet dann noch die Kleider vom Körper.

9 Die Wellen werden modelliert, indem man mit einer kleinen Spachtel in den vorher aufgetragenen Ton sticht und ihn nach außen dreht. Die im Sand verlaufende Welle wird jeweils unter die vorhergehende gedrückt.

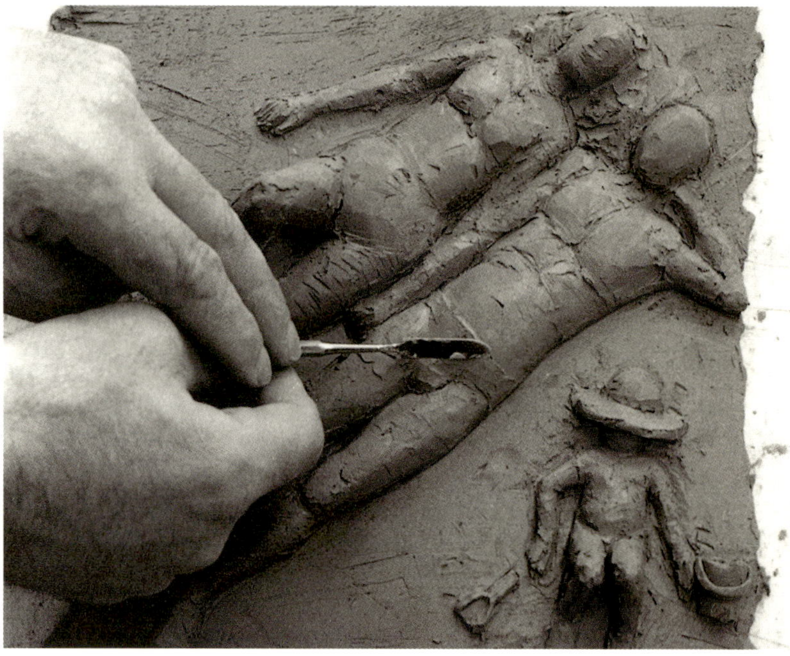

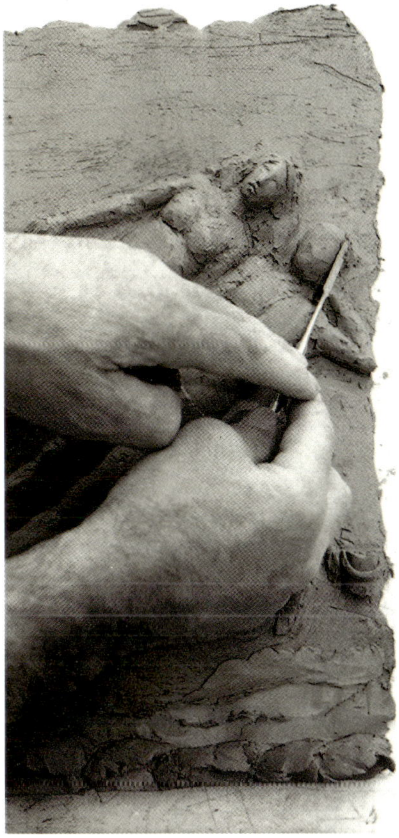

11 Die Gesichter werden ebenfalls mit einem feinen Werkzeug geformt. Ganz leicht werden Augen, Nase, Mund und Haare angedeutet.

12 Zum Schluß wird noch einmal alles korrigiert. Teile, die eine glatte Oberfläche haben sollten, kann man mit Wasser und Pinsel überarbeiten.

Soll das fertig gebrannte Relief an der Wand hängen, kann man im lederharten Zustand (vor dem Brennen) Befestigungslöcher in die Rückseite bohren. Dies kann mit jedem spitzen Gegenstand (z.B. Nagel) erfolgen. Eine andere Möglichkeit besteht darin, nach dem Brennen mit Epoxidharzkleber eine lange Drahtschlaufe mit mehreren Klebepunkten auf der Rückseite zu befestigen. Bei zu wenigen Klebepunkten reißt die Schlaufe durch das Eigengewicht des Reliefs aus.

Liegender Akt

Der liegende Akt ist ca. 39 cm lang und 20 cm breit.

1 Um ein stark zusammengepreßtes Knäuel Zeitungspapier wird eine Tonplatte gelegt.

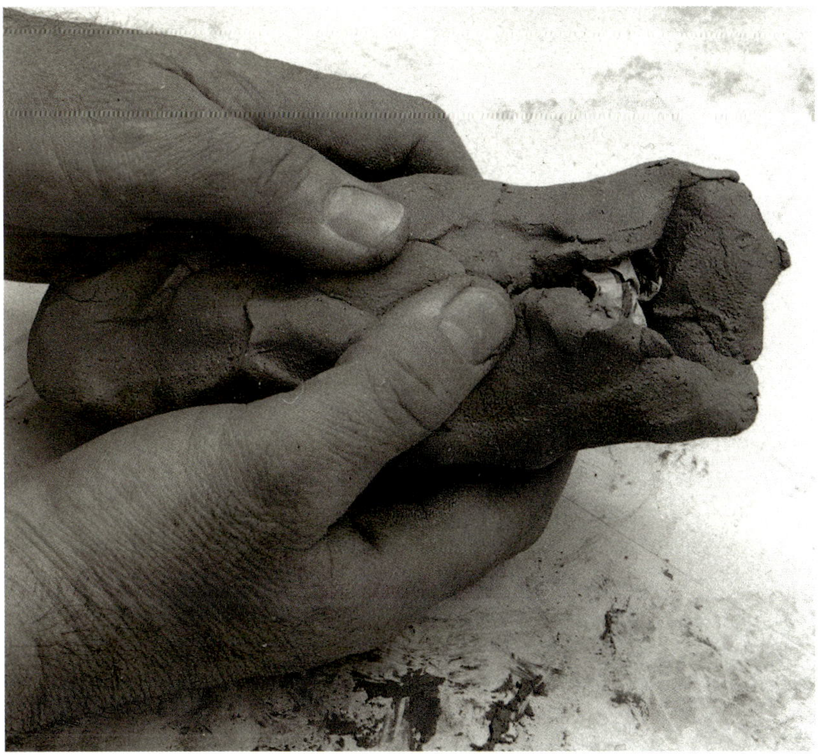

2 Diese wird fest angedrückt und verschlossen. Durch das Papier im Inneren wird der Rumpf später hohl.

3 An den Rumpf werden nun die Gliedmaßen modelliert. Man bereitet einzelne Stücke vor, wie Oberschenkel, Unterschenkel, Arme und Kopf, und fügt diese in der gewünschten Stellung an. Dabei ist zu beachten, daß die vorbereiteten Teile in ihren Längen schon den Proportionen des Körpers entsprechen (siehe Proportionszeichnung). Außerdem müssen die aneinandergefügten Teile fest angedrückt und verstrichen werden, um Lufteinschlüsse zu vermeiden.

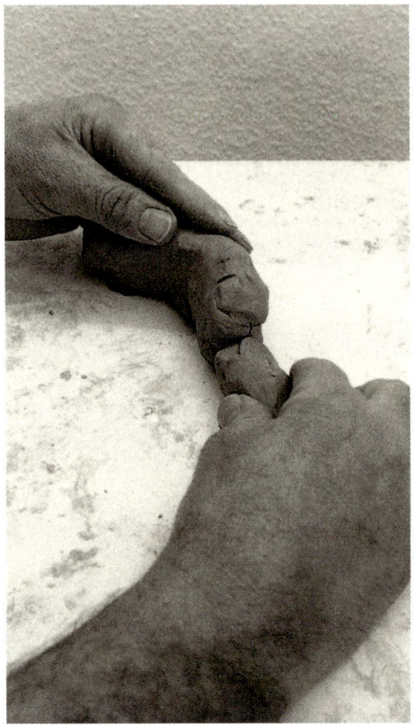

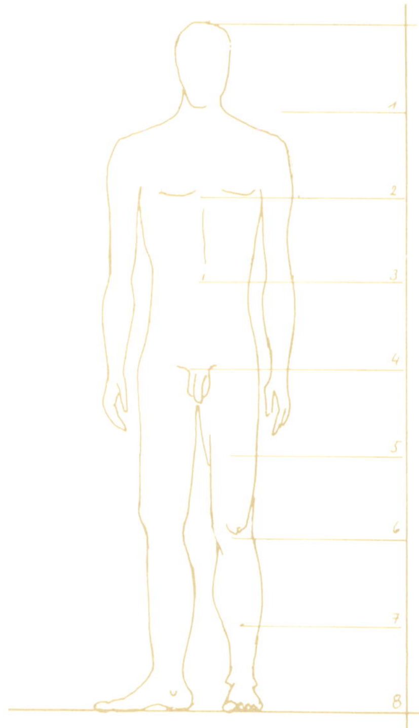

Der Kopf des erwachsenen Menschen macht ungefähr ein Achtel der Körperlänge aus

4 Jetzt werden die Arme angesetzt. Am Rumpf und an den Beinen ist die Stellung schon erkennbar. Das Becken steht fast senkrecht zur Brust.

5 Als nächstes folgt der linke Unterschenkel. Somit ist die Figur in ihrer Grundform festgelegt. Es ist wichtig, schon zu Beginn den Kopf und die Gliedmaßen in ihren Massen anzulegen, da das Auge während des Modellierens immer wieder die Proportionen zueinander überprüft. Fehlt z.B. der Kopf, und man beschäftigt sich erst mal nur mit den Zehen, um diese im Detail auszuarbeiten, werden diese sicher in ihren Proportionen mit der fertigen Figur nicht mehr übereinstimmen.

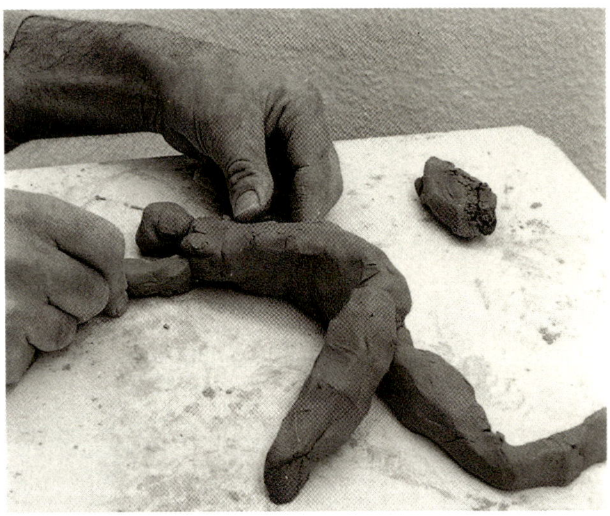

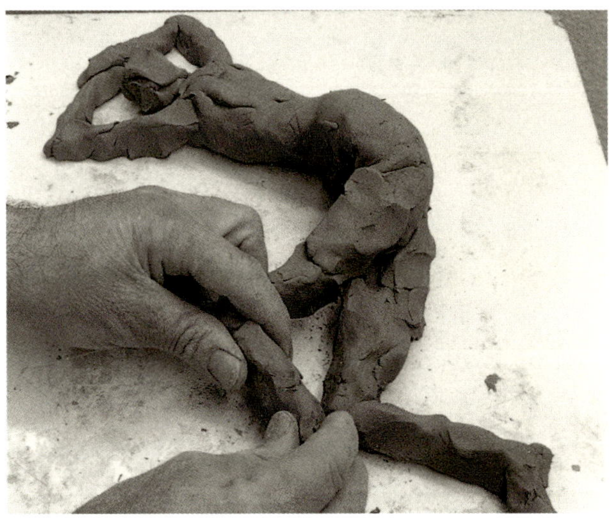

6 In kleinen Klumpen werden die weiteren Massen aufgetragen, wie hier das Becken, und fixiert.

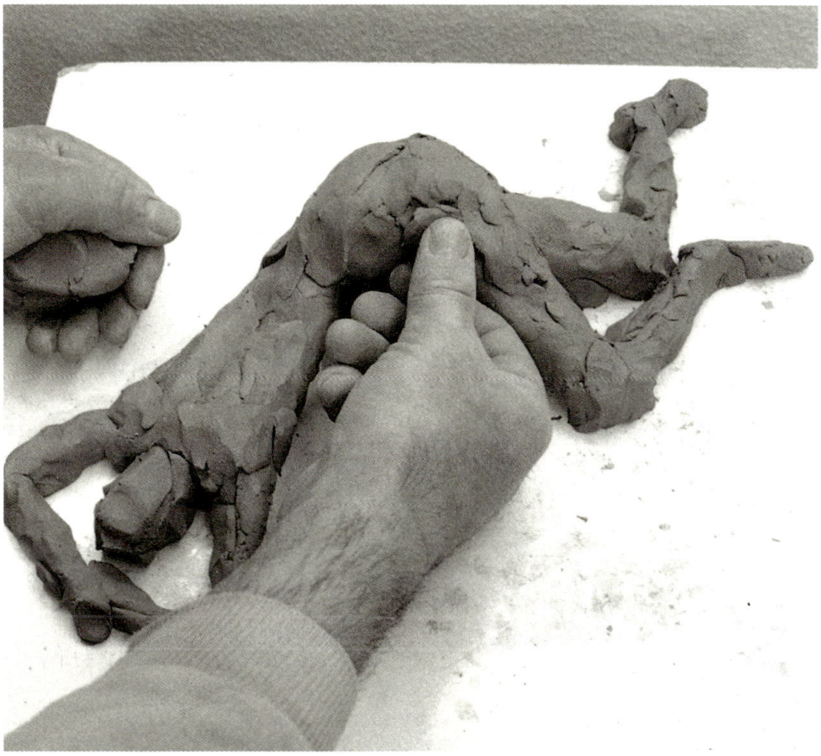

7 Mit einem kleinen Tonkügelchen legt man die Schulter fest.

8 In gleicher Weise markiert man den Ellenbogen und alle anderen Gelenke. Erst eindeutig gekennzeichnete Richtungsänderungen lassen Strecken und Längen abschätzen. Wenn Gliedmaßen wie flexible Rohre gebogen werden, kann man nie die richtige Länge feststellen.

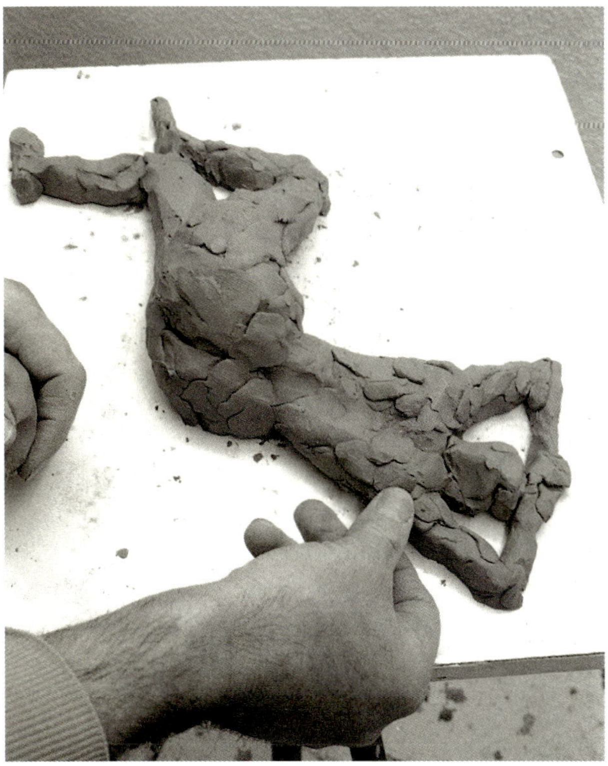

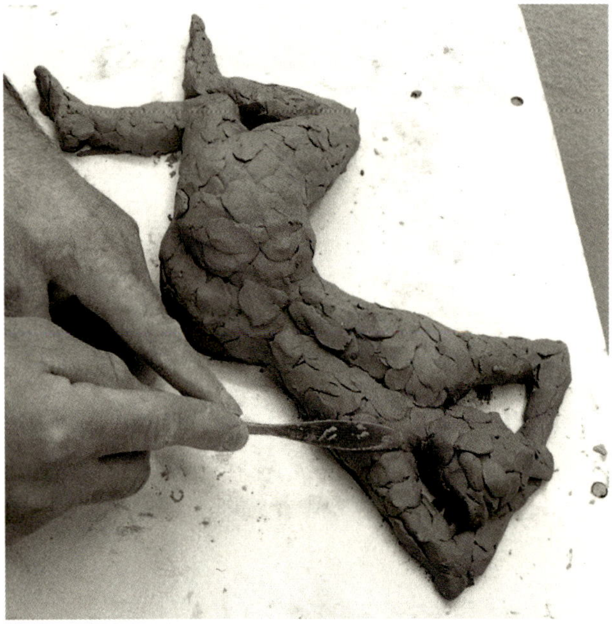

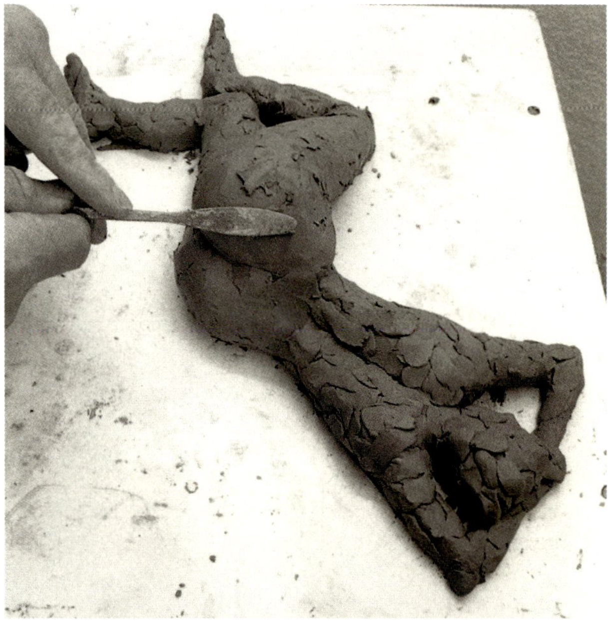

9 Sind die Massen in etwa bestimmt, kann man beginnen, die Formen mit der Spachtel auszuarbeiten.

10 Mit festem Druck wird noch etwas Ton aufgetragen und durch eine Bewegung mit der Spachtel gleichzeitig die Rundung des Gesäßes modelliert.

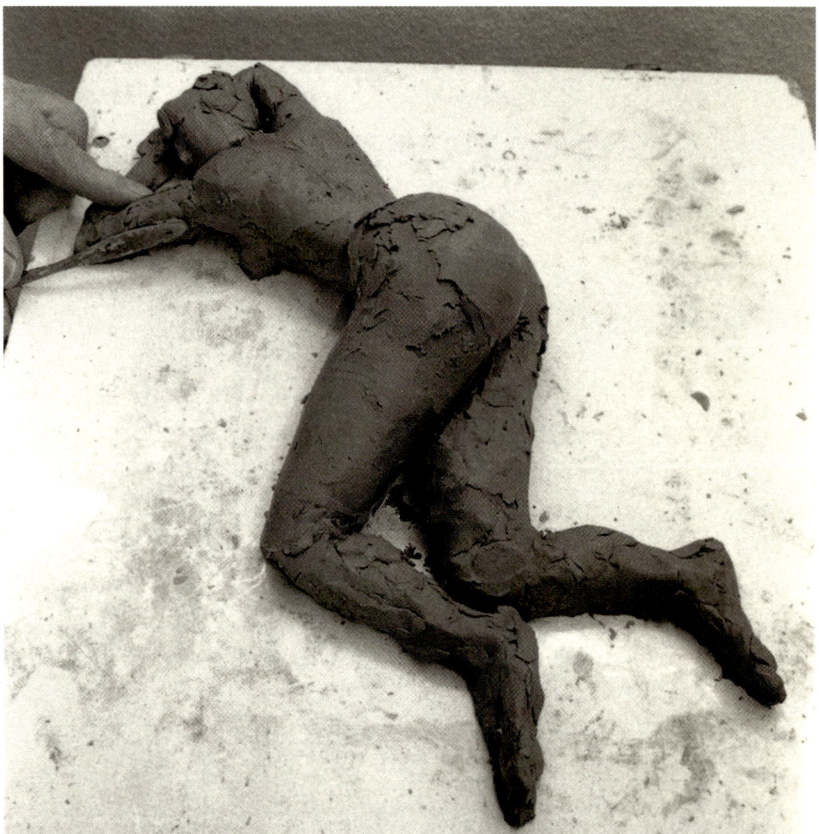

11 Beim Modellieren des Oberarms muß mit der anderen Hand der Druck, der durch die Spachtel ausgeübt wird, ausgeglichen werden.

12 Der Bauch, der in dieser Stellung durch die entspannten Bauchmuskeln etwas hängt, wird weich ausmodelliert.

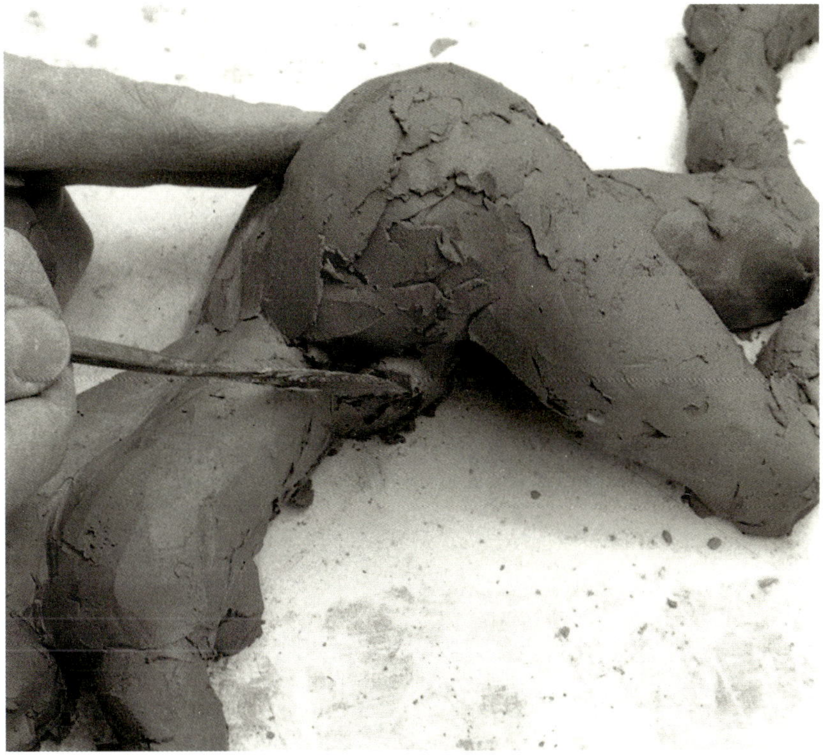

13 Die Waden werden in Längsrichtung durch eine leichte Drehung der Spachtel geformt.

14 Durch festen Druck und die Bewegung um die Längsachse wird der Oberschenkel festgelegt.

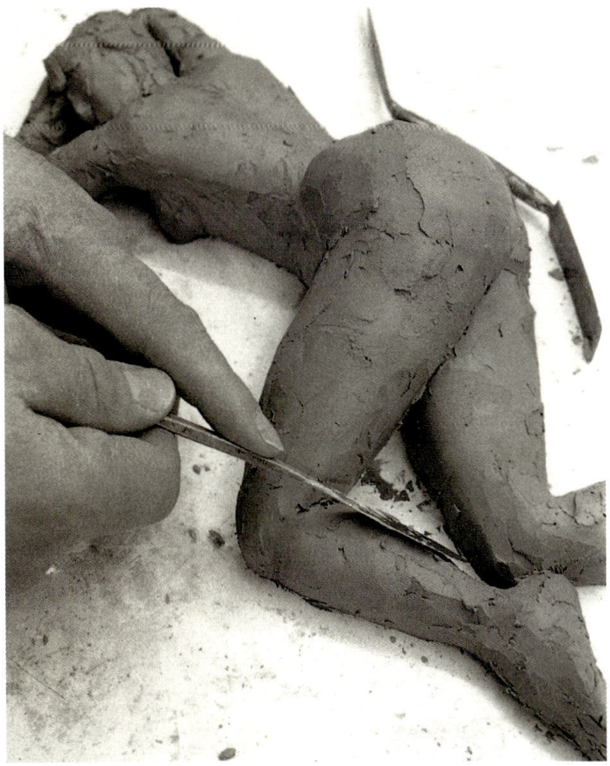

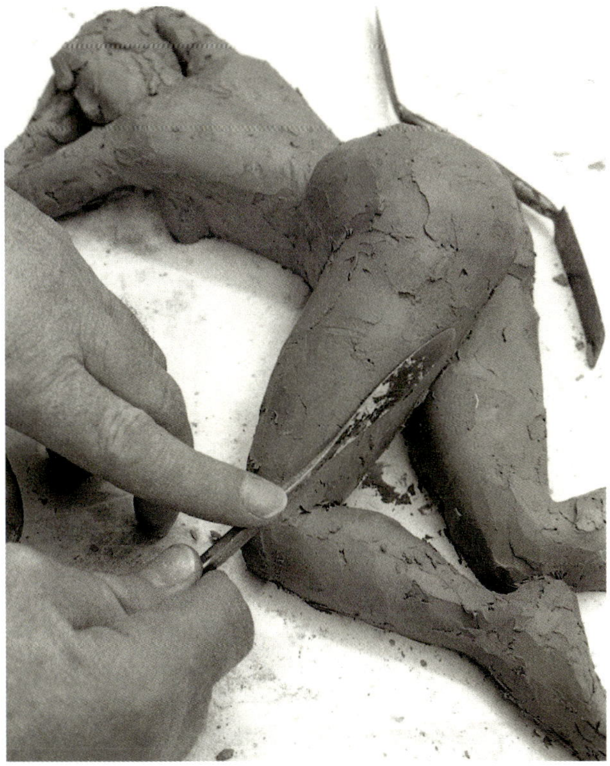

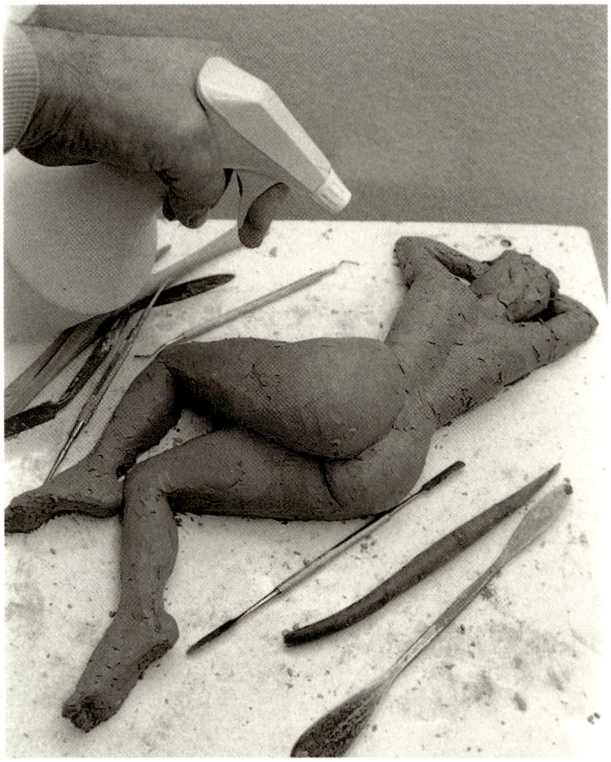

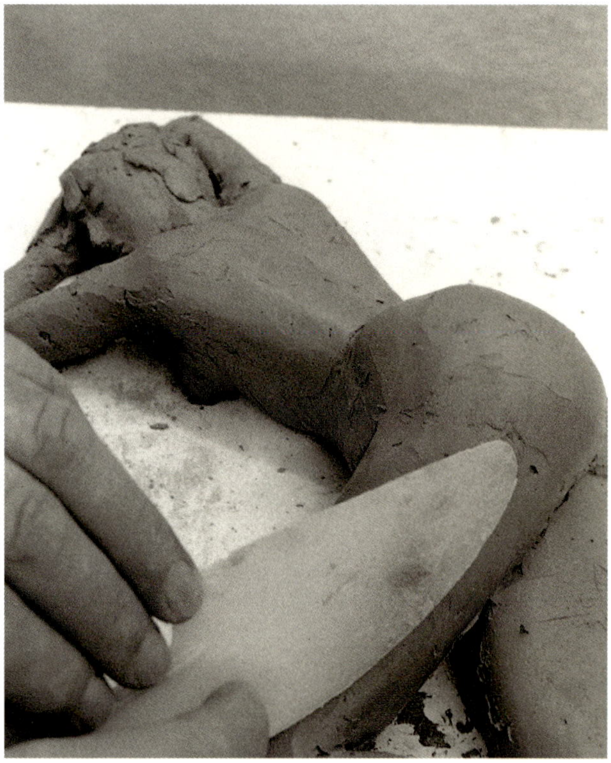

15 Trocknet durch längeres Modellieren die Oberfläche zu stark aus, kann man sie mit einer Blumenspritze anfeuchten.

16 Mit einem Teigschaber zieht man die Oberfläche zusammen, damit aus den vielen kleinen Einzelformen eine Gesamtform entsteht.

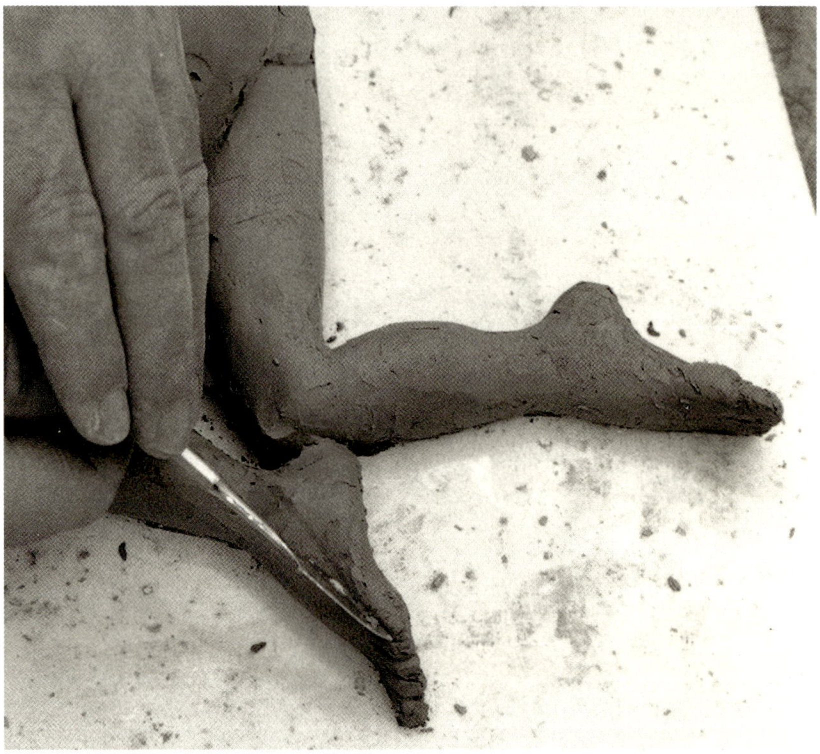

17 Details, wie z.B. die Zehen, werden mit einer kleinen Spachtel ausgeführt. Hervorragend eignet sich hierfür eine Zahnarztspachtel.

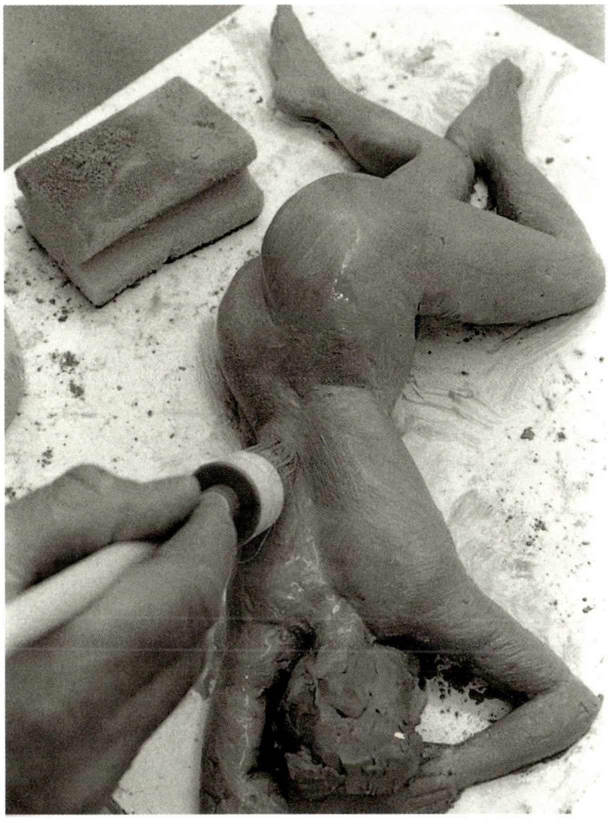

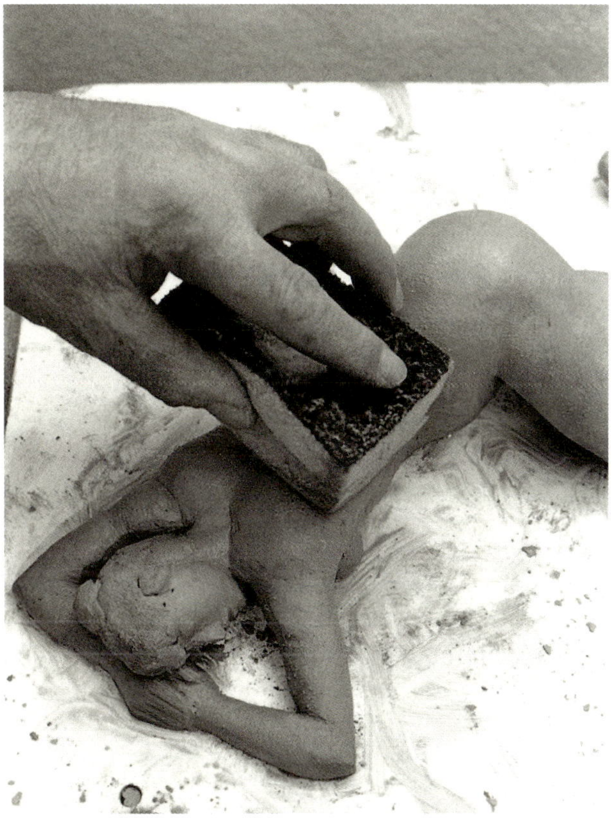

18 Wer die Figur ganz glatt haben möchte, kann sie mit Wasser und Pinsel nachbehandeln. Dieser Vorgang muß mehrmals wiederholt werden. Durch schnelle Pinseldrehungen lassen sich Formenrichtungen herausarbeiten.

19 Mit einem feuchten Schwamm kann abschließend die Struktur hergestellt werden. Feine Falten und Vertiefungen müssen jedoch wieder mit einer Spachtel nachgearbeitet werden, da sie sich beim Wischen meist mit Ton füllen.

Im eben beschriebenen Beispiel wurde der liegende Akt mit einer relativ glatten Oberfläche versehen. Hierfür sind nur ein paar Möglichkeiten aufgezeigt. Wer diese Glätte liebt, kann sich neue Ideen ausdenken und sie ausprobieren. Als Endzustand ist jedoch auch die gröbere Strukturierung sehr reizvoll.

Beim Brennen der fertigen Figur verbrennt (verglüht) das Zeitungspapier im Rumpf, welches wir zu Beginn des Modellierens als stabilisierendes Element für den Tonauftrag verwendet haben. Die dabei entstehenden Gase müssen aus der Figur herausgeleitet werden, damit sie nicht zerspringt. Zu diesem Zweck bohrt man vor dem Brennen, im lederharten Zustand, ein oder mehrere Löcher von unten durch den Ton bis zum Papier. Größere Arbeiten und dickere Teile, z.B. Oberschenkel, können ebenfalls von unten her ausgehöhlt werden. Der Ton sollte auf jeden Fall lederhart sein.

Die Plastik kann nach dem Brennen auf einen Sockel aus Holz oder Stein montiert werden. Hierbei dient das vorhandene Entlüftungsloch als Dübelloch, in welches man mit einem Epoxidharzkleber einen Metallstift einklebt. Ins Holz bzw. den Stein wird ebenfalls ein Loch gebohrt, die Plastik mit dem Dübel daraufgesetzt und verklebt.

Porträtkopf

Kopf und Gesicht sind die wichtigsten Partien zur Identifizierung eines Menschen. Beim Versuch, einen Menschen zu porträtieren, ist man daher bestrebt, ihn so zu gestalten, daß er wiedererkennbar ist. Hierbei achtet man besonders auf individuelle Besonderheiten wie große oder kleine Nase, voller Mund, schmale Lippen, hohe Backenknochen usw. Grundlage ist jedoch immer die Kenntnis der Anatomie und Proportion eines Kopfes. So liegt die Mitte des ganzen Kopfes in Höhe der Nasenwurzel.

Porträt – Proportionen

Das Gesicht teilt sich in drei gleich große Abschnitte, einmal von der Kinnspitze bis zur Nase, dann von der Nasenspitze bis zu den Augenbrauen, und zuletzt von der Stirn bis zum Haaransatz. Die Ohren liegen auf gleicher Höhe wie Nasenanfang und Augenbrauen. Der Abstand von der Nasenspitze zum Ohr (Ohrecke) ist nicht ganz die Gesichtsbreite.

Die genauen Abmessungen und Proportionen werden beim Porträtieren am besten mit einem Tastzirkel abgenommen.

1 Für den Porträtkopf benutzen wir ein Kopfgerüst, wie auf Seite 10 f. beschrieben.

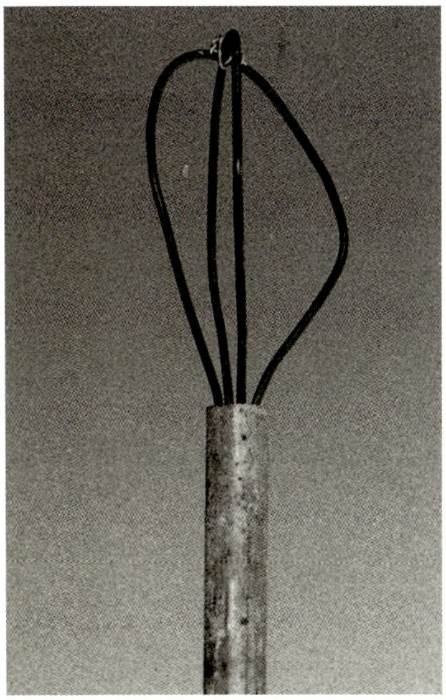

2 Die Zwischenräume des Drahtgerüstes werden fest mit Zeitungspapier ausgestopft.

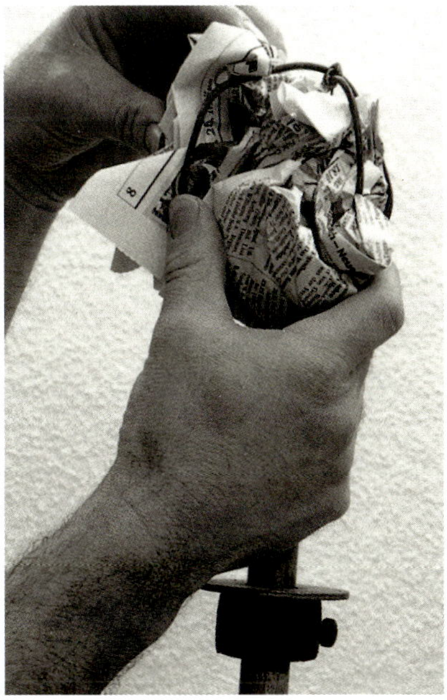

3 Anschließend wird über das Gerüst eine stabile Papiertüte gestülpt und am unteren Ende fest angedrückt.

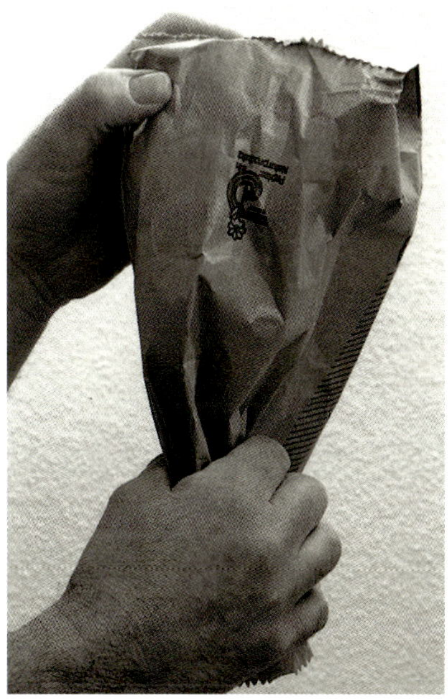

4 Dann werden ca. 1 cm dicke Tonplatten, die mit dem Schneidedraht vom Tonhubel abgeschnitten wurden, darübergelegt und fest angedrückt. Diesen Vorgang wiederholt man so oft, bis man in etwa das Volumen des Kopfes hat. Dabei ist zu beachten, daß man immer etwas unter der Kopfgröße bleibt. Wichtig ist außerdem, daß man den Ton nicht einfach wahllos aufträgt, sondern sich hierbei schon die Kopfform vorstellt. Auf der Gesichtsseite wird etwas mehr Ton aufgetragen als am Hinterkopf. Dieser wird zwar schon angedeutet, aber seine endgültige Fülle erhält er erst durch die Haare.

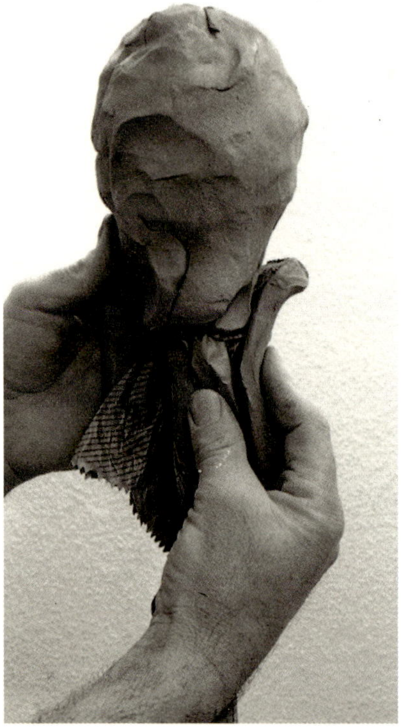

5 Nun werden Nase, Mund und Augen festgelegt und vorgeformt.

6 Das Stirnbein mit der Kante zur Augenhöhle wird modelliert.

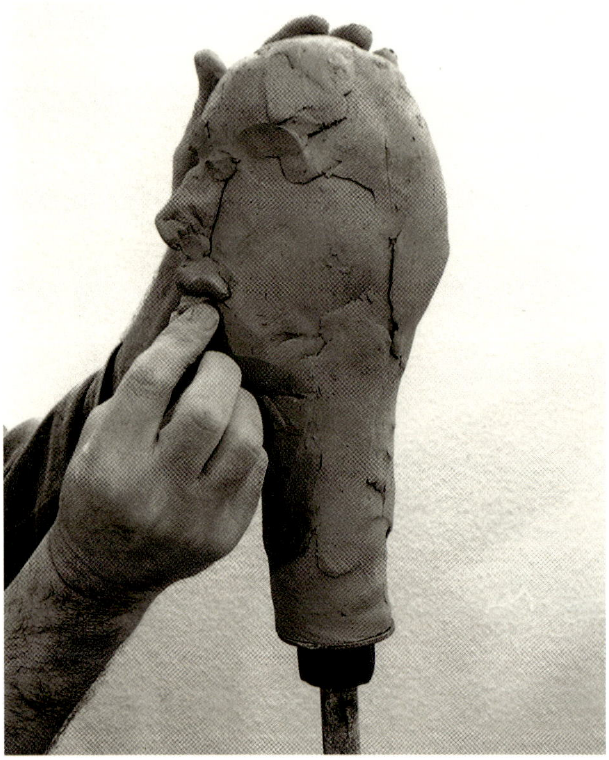

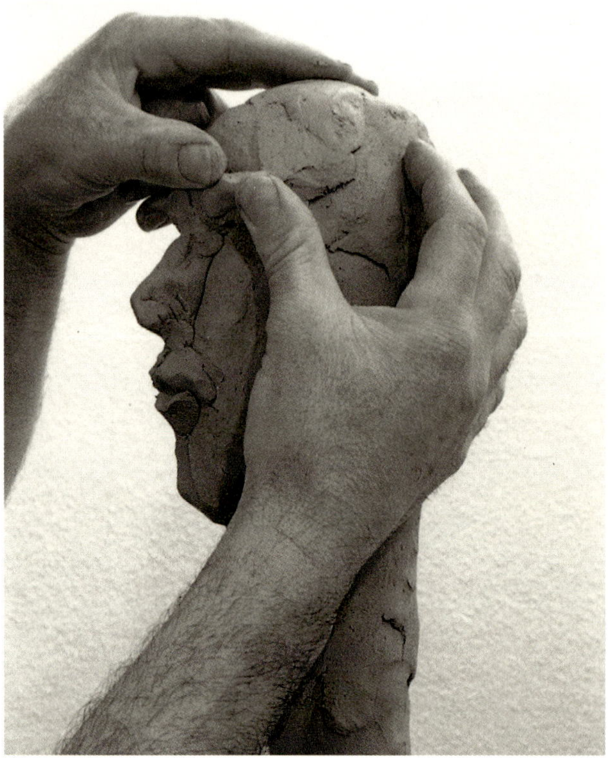

7 Mit dem Schlagholz wird der aufgetragene Ton verdichtet und zugleich die Gesamtform bestimmt. Mit der anderen Hand hält man dagegen, um eine ungewollte Verformung zu verhindern.

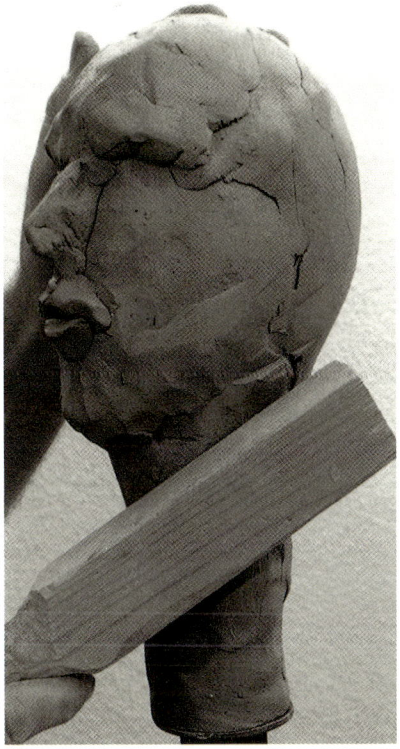

8 Auf die bis jetzt geschaffene Grundlage wird nun weiter aufgebaut, gleichzeitig korrigiert und verfeinert. Die Stirn wird durch zusätzliche Tonklümpchen höher gezogen. Die Oberlippe wird ebenfalls stärker ausgeprägt.

9 Die Backen werden geformt und die Augenhöhlen zur Aufnahme der Augäpfel vorbereitet. Durch Tonkügelchen markiert man die Lippenform.

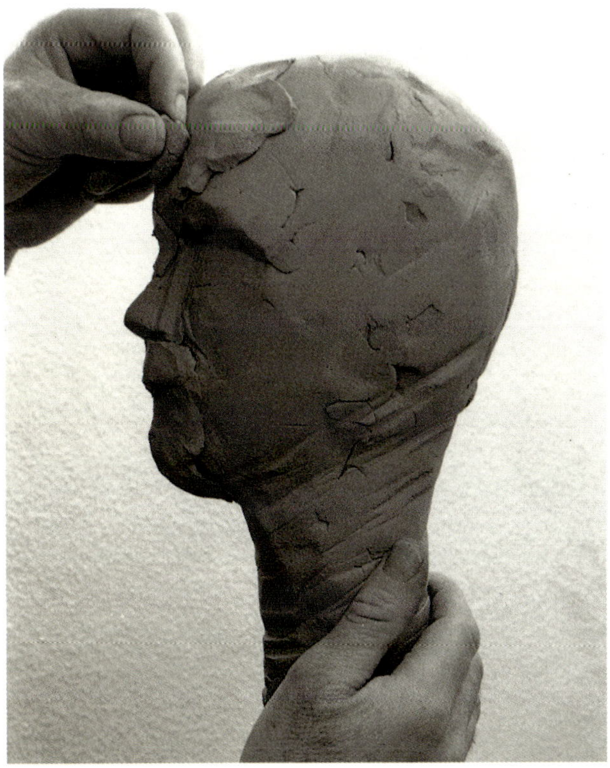

10 Zwei Parallelstriche legen die Lage der Ohren zwischen Augenbrauen und Nasenanfang fest. Das Volumen des Ohres wird aufgetragen.

11 Als Augäpfel werden zwei Tonkugeln in die vorbereiteten Augenhöhlen gedrückt.

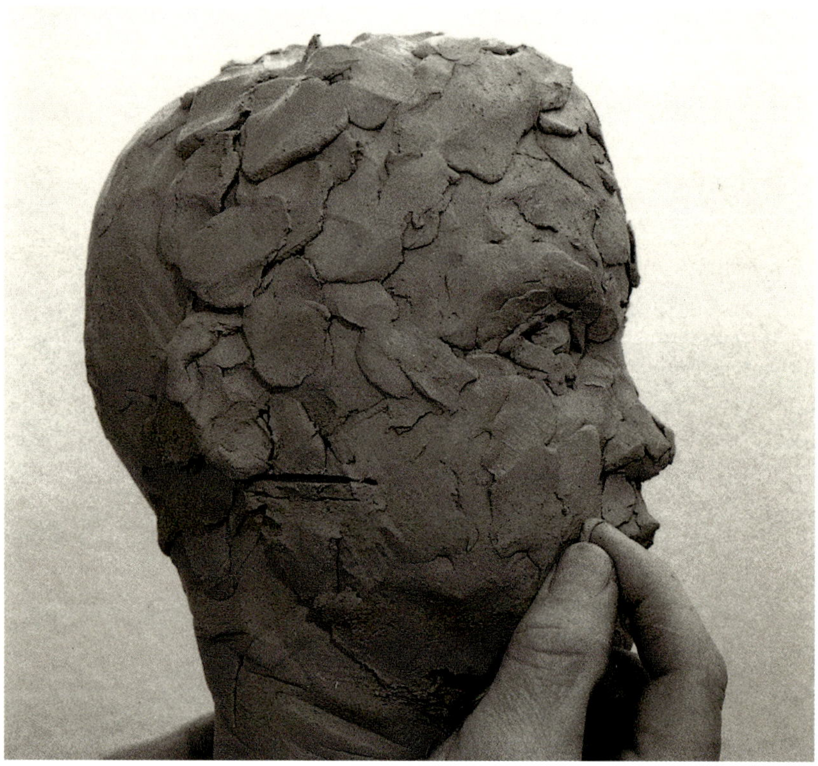

12 Auch auf der anderen Gesichtshälfte legt man die Position des Ohres fest. Die Peripherie des Auges mit Oberlid und Unterlid wird geformt und die Wangen noch etwas verstärkt.

13 Die Ohren werden geformt.

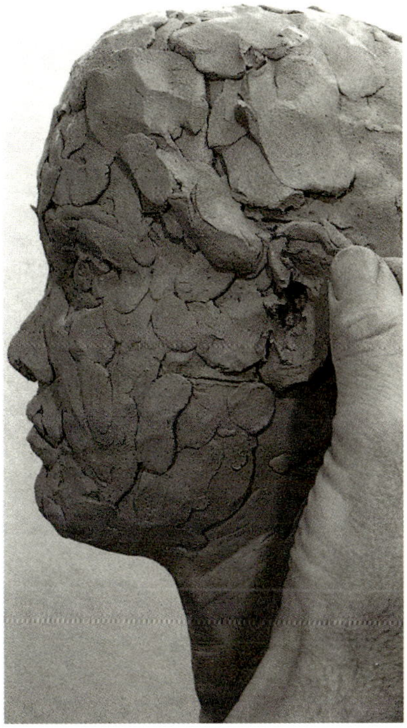

14 Die Haare werden in Tonklumpen aufgetragen und fest mit dem Untergrund verstrichen. Der Pferdeschwanz wird im Ansatz durch eine kleine Tonwurst festgelegt.

15 Mit einem Stück Holz verdichtet und glättet man die Oberfläche.

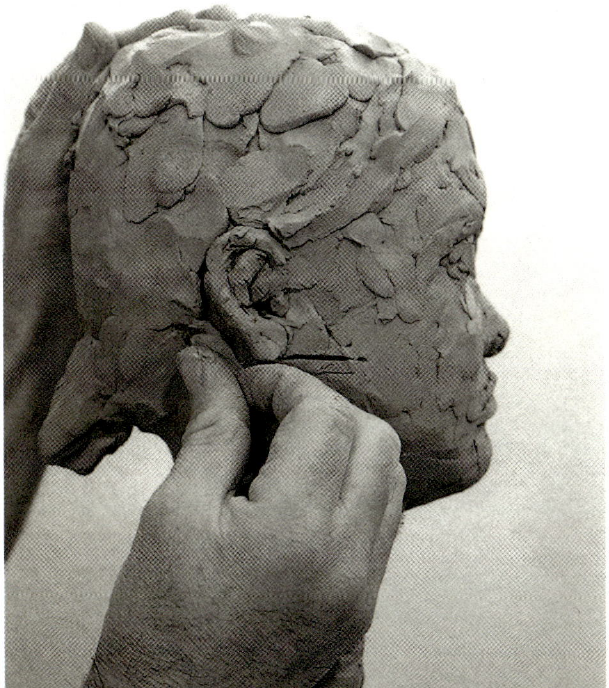

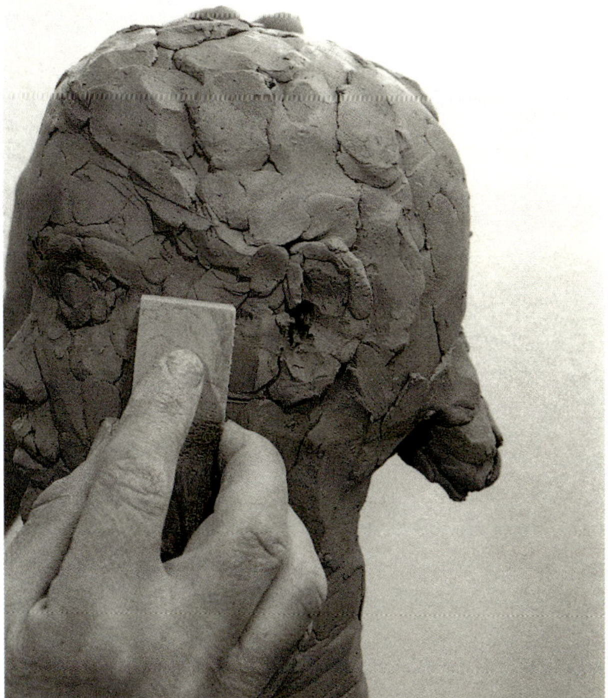

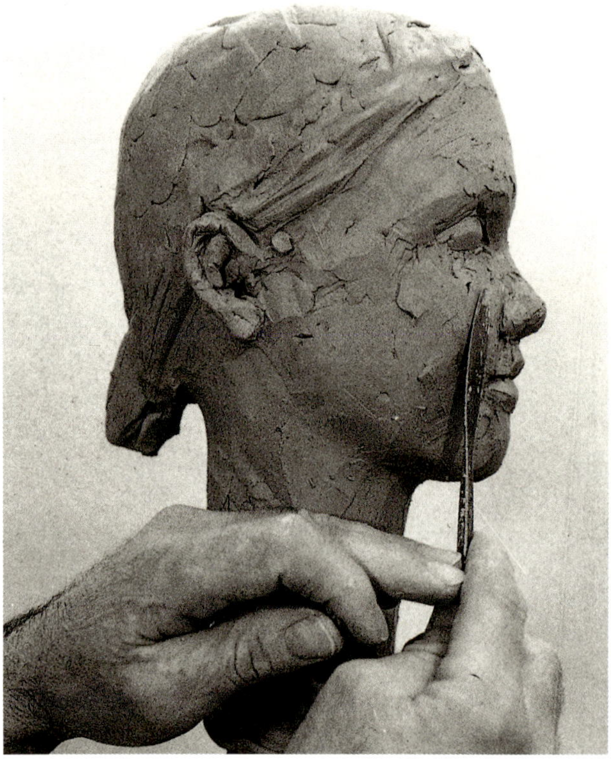

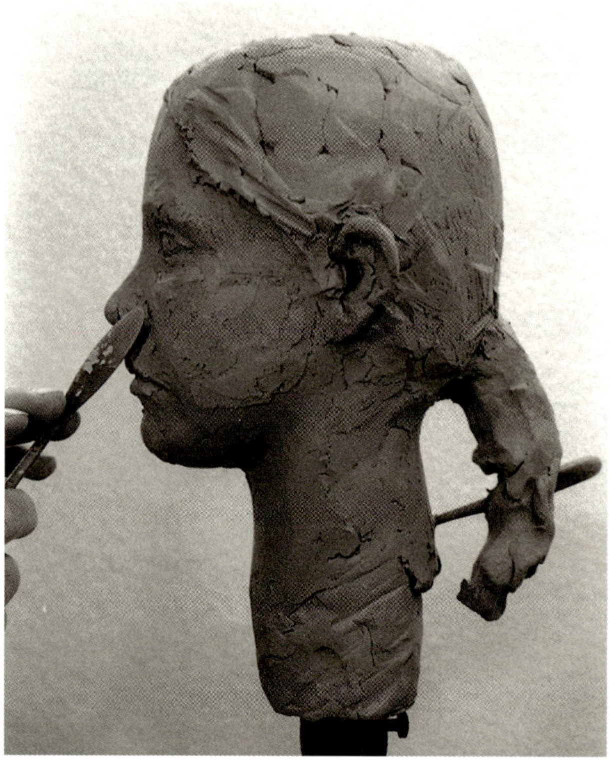

16 Mit einer Modellierspachtel beginnt nun die Feinarbeit. Auf die Wangen wird nochmals Ton aufgetragen und mit der Spachtel die Rundung geformt.

17 Durch eine leichte Drehung der Spachtel während des Auftrags erhält der Nasenflügel seine runde Form. Der Pferdeschwanz wird verlängert und vorübergehend mit einem Modellierholz, das durch den Pferdeschwanz in den Hals gesteckt wird, fixiert.

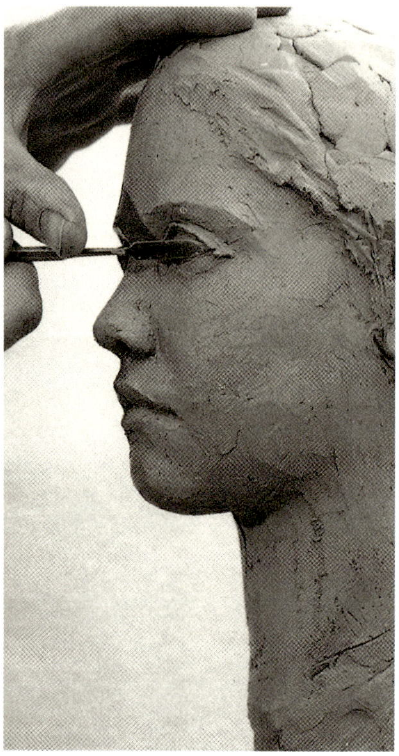

18 Die Augäpfel bildet man mit einer kleinen, ellipsenförmigen Zahnarztspachtel, die am Ende spitz zuläuft.

19 Für die Ausformung der Nasenflügel verwendet man ein schmales Modellierholz. Durch leichten Druck von innen erhalten die Nasenflügel auch außen ihre Spannung. Mit dem gleichen Modellierholz wird der Steg zwischen Nase und Oberlippe modelliert.

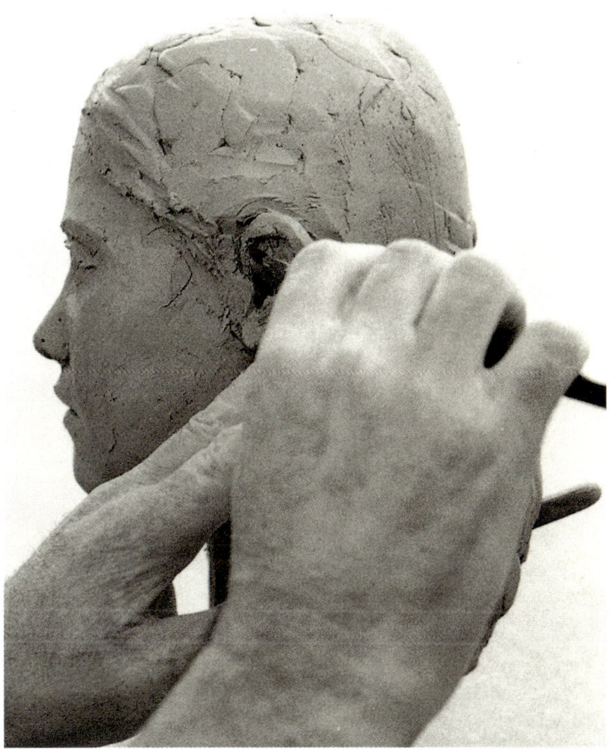

20 Ohrmuschel und Ohrwinkel werden ebenfalls mit einem Modellierholz ausgeformt, das am vorderen Ende rund und gebogen ist.

21 Den Mittelteil der Oberlippe fügt man mit einer feinen Spachtel zwischen die beiden Wülste der Unterlippe ein. Die Oberlippe tritt dabei etwas stärker hervor als die Unterlippe. Die Unterlippe dreht sich zum Mundwinkel hin, d.h. nach innen. Unter der Unterlippe ergibt sich zum Kinn hin eine kleine Mulde.

22 Das obere Augenlid wird geformt. Es ist stärker gewölbt als das untere. Der höchste Punkt liegt ungefähr in der Mitte des Augapfels. Innerer und äußerer Rand liegen tiefer. Das untere Augenlid ist dicker als das obere.

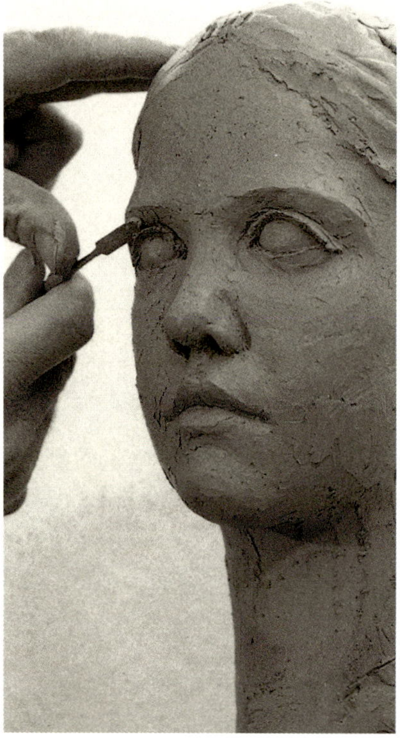

23 Mit einem Teigschaber werden die großflächigen Teile des Gesichts geglättet. Durch den Druck mit den Fingern und den Gegendruck des Daumens von innen, kann der Teigschaber unterschiedlich gebogen und so den gewölbten Flächen angepaßt werden.

24 Der Kopf ist bis auf einige Feinarbeiten fertig. Mit einer Spachtel wird die Trennungslinie angezeichnet, wo er in zwei Hälften geteilt und zum Aushöhlen auseinandergenommen werden soll.

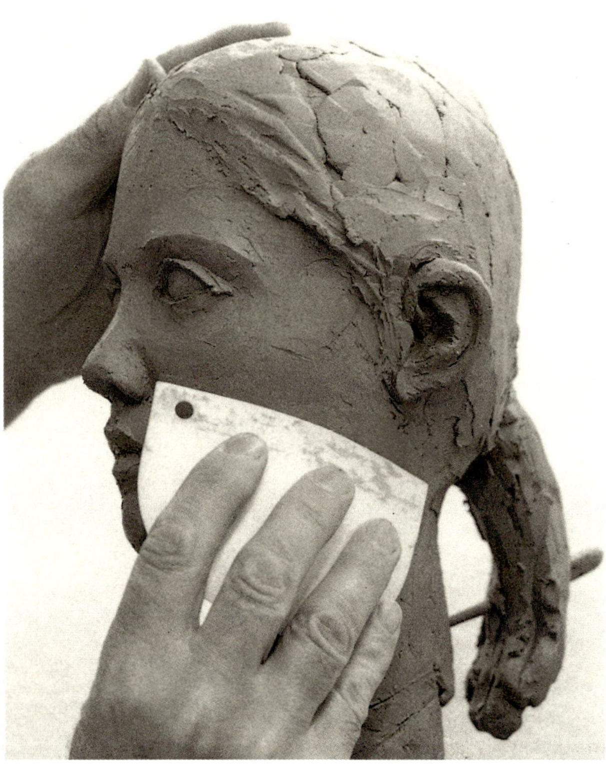

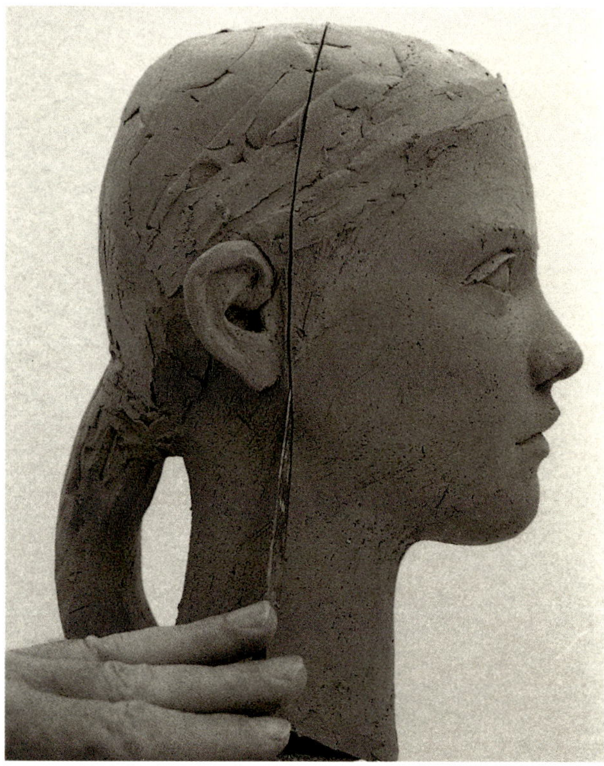

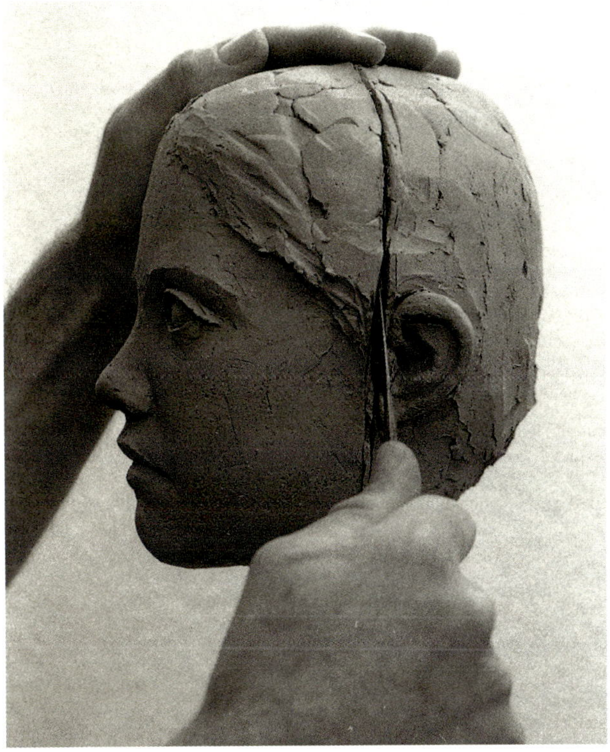

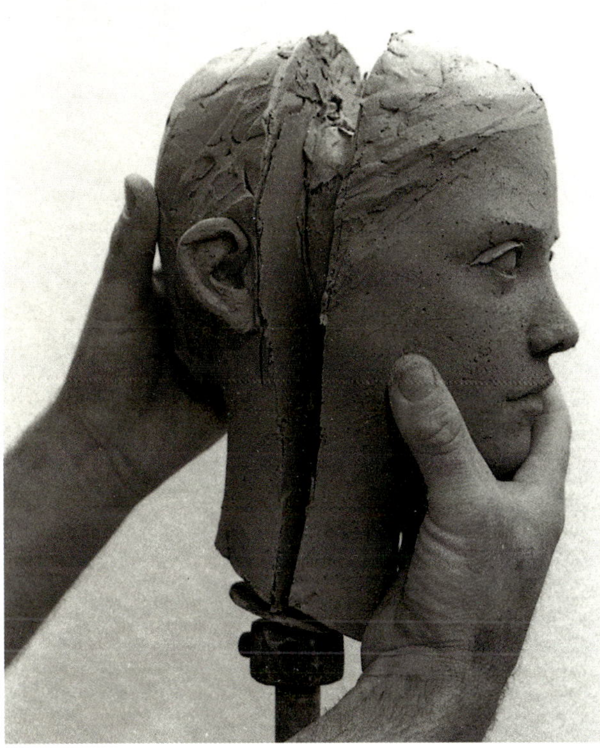

25 Mit einem Bossiereisen schneidet man bis zum Papierkern durch. Der Pferdeschwanz wurde vorher abgenommen, um den Hinterkopf besser hinlegen zu können. Er wird ebenfalls etwas ausgehöhlt und danach wieder angefügt.

26 Die beiden Hälften werden auseinandergenommen ...

27 ... und vom Papierkern gelöst.

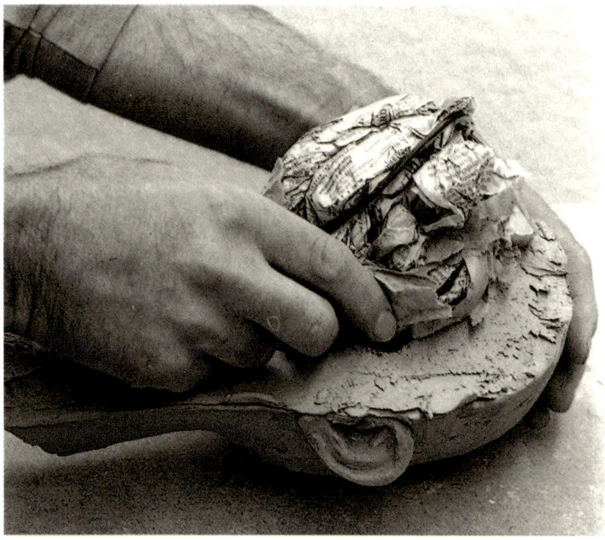

28 Der Papierkern wird herausgenommen.

29 Mit einer Modellierschlinge wird weiter ausgehöhlt. Die verbleibende Wandstärke beträgt 1,5 bis 2 Zentimeter. Vorsicht bei den Augen! Da sie etwas tiefer liegen, kann es leicht passieren, daß die Wand zu dünn wird oder man schlimmstenfalls vorne herauskommt.

30 Nach dem Aushöhlen der beiden Teile wird der Rand mit einer alten Gabel aufgekratzt.

31 Mit einem Pinsel befeuchtet man die Fläche.

TIP:
Erfahrene Keramiker geben einen Schuß Essig in das Wasser, wenn schwierige Teile zusammengefügt werden sollen.

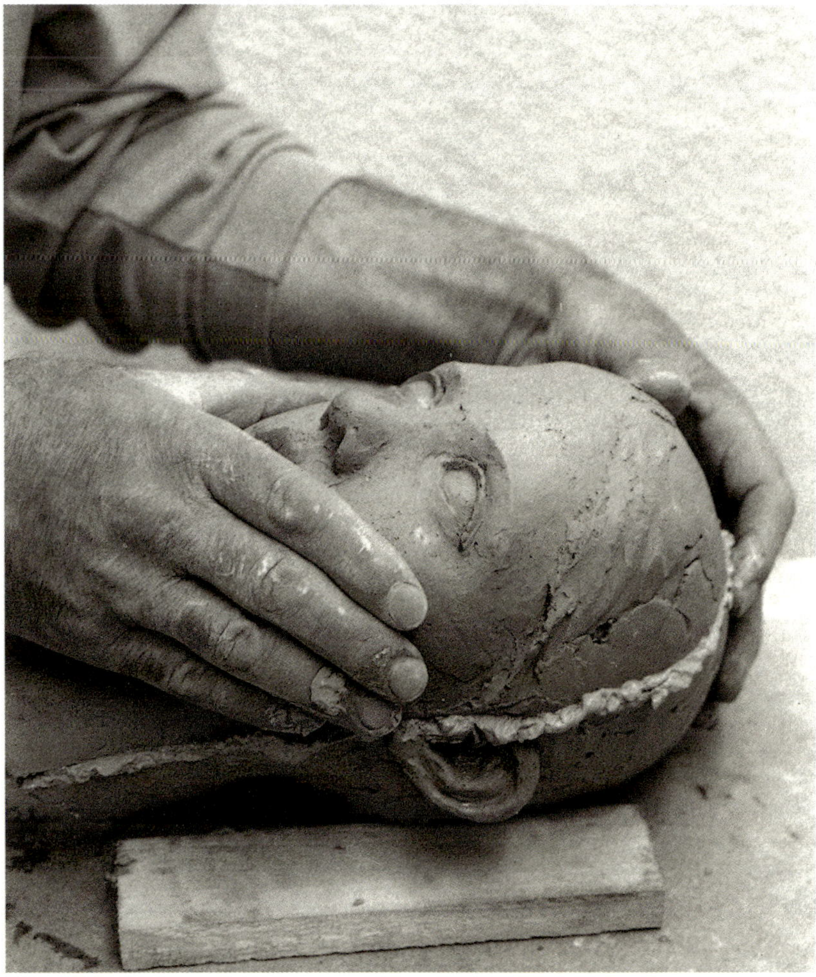

32 Mit einer Spachtel wird auf eine Kopfhälfte Schlicker aufgetragen. Schlicker ist eine stark verflüssigte Masse aus Ton und Wasser, die man am besten einen Tag vor Gebrauch ansetzt.

33 Die beiden Hälften werden wieder zusammengefügt.

34 Durch leichtes Pressen werden die Teile so aneinandergedrückt, daß ein Teil des Schlickers aus der Fuge herausgepreßt wird. Dies ist ein Zeichen dafür, daß die beiden Formen keine Lufteinschlüsse enthalten. Der überschüssige Schlicker wird nach kurzer Antrocknungszeit mit einer Spachtel entfernt. Wo es nötig ist, wird die Fuge noch verstrichen und retuschiert. Der Kopf sollte noch einige Zeit auf dem Rücken liegen, um durch das eigene Gewicht während des Antrocknens die Fuge geschlossen zu halten. Ist die Fuge fest, kann der Kopf zum Nacharbeiten aufgestellt werden. Er muß jedoch durch Holzkeile oder Schaumstoffstreifen rechts und links gut unterstützt und vorsichtig behandelt werden.

Hand

Unsere Hand ist ständig im Einsatz und fast immer sichtbar. Auch wenn man sie manchmal in Ruhe betrachtet und sie einem vertraut ist, ist es schwierig, sie bildnerisch darzustellen. Sie ist eines der kompliziertesten Gebilde unseres Körpers.

Die Darstellung der Hand ist hier auf den Handrücken beschränkt. Durch genaue Beobachtung der Form sowie durch Bewegungsstudien, kann man sich als nächsten Schritt die Innenfläche der Hand erarbeiten. Wichtig ist immer der Aufbau.

1 Als erstes drücken wir eine Tonkugel platt und erhalten so die Mittelhand.

2 Jetzt werden die einzelnen Finger angesetzt. Hierbei muß schon auf die unterschiedliche Fingerlänge geachtet werden. An den Nahtstellen ist der Ton sorgfältig zu verstreichen.

3 Der Daumen sitzt optisch nicht an der Mittelhand, sondern seitlich davon. Er ist deshalb auch kürzer und reicht in etwa bis zum ersten Fingerglied des Zeigefingers.

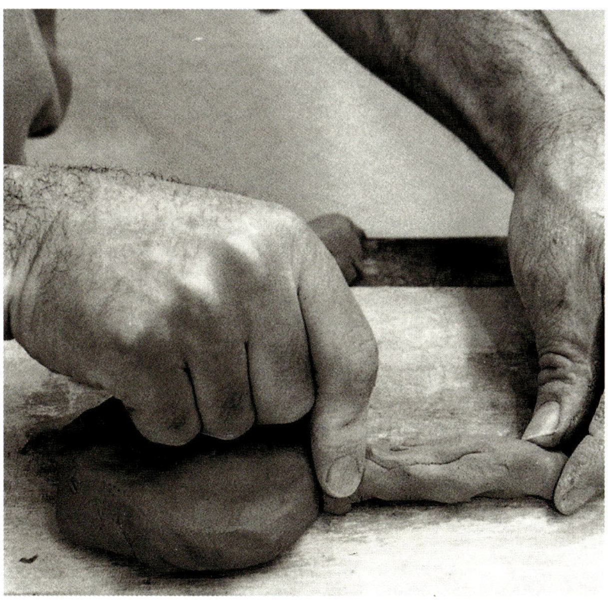

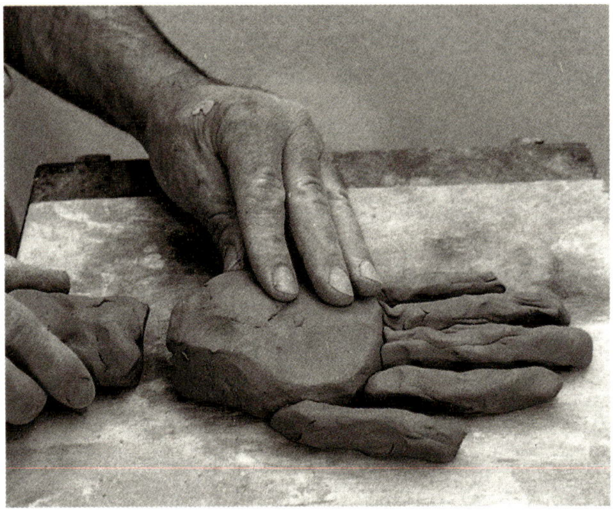

4 An die Handwurzel wird der Unterarm, bestehend aus Elle und Speiche, angefügt.

5 Nun wird Ton aufgetragen und die Oberflächenform herausgearbeitet. Dabei wird der Daumenknöchel festgelegt.

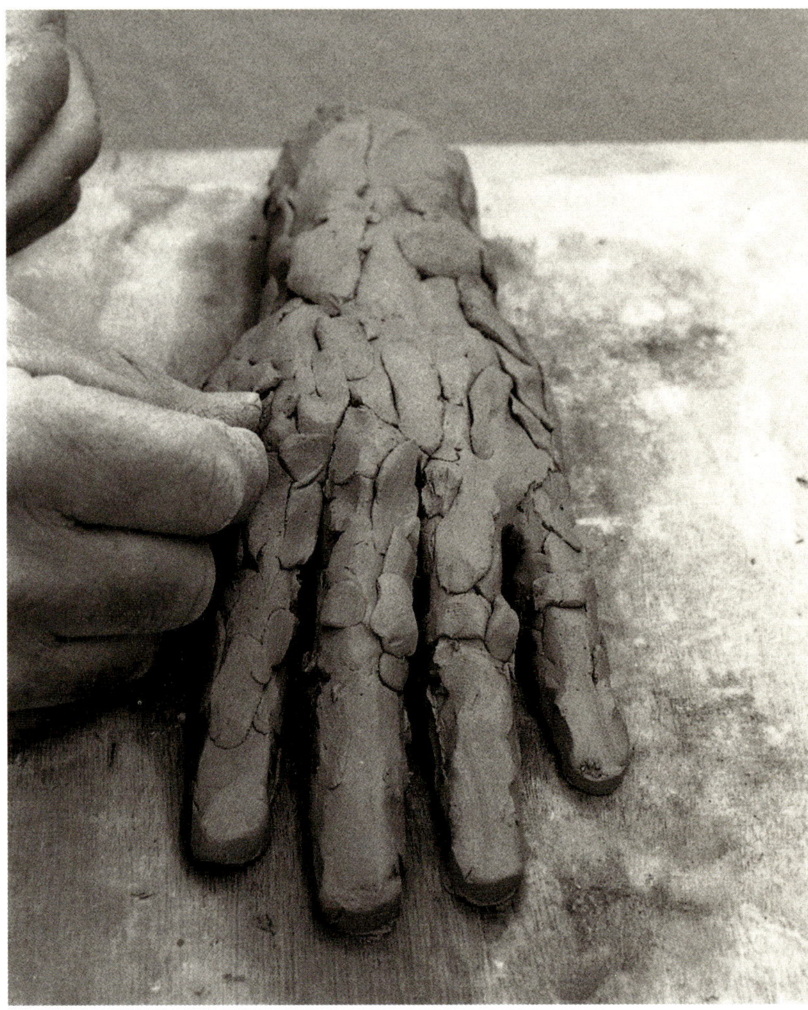

6 Die Knöchel der Finger werden markiert. Sie liegen ungefähr in der Mitte der Hand. Als Faustregel gilt, daß die ausgestreckte Hand zweimal so lang wie breit ist und so lang wie die Strecke vom Kinn bis zum Haaransatz.

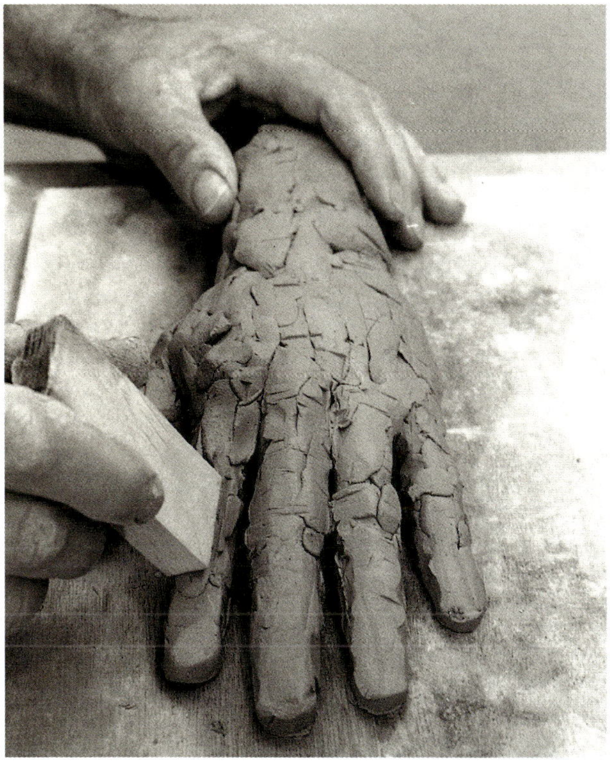

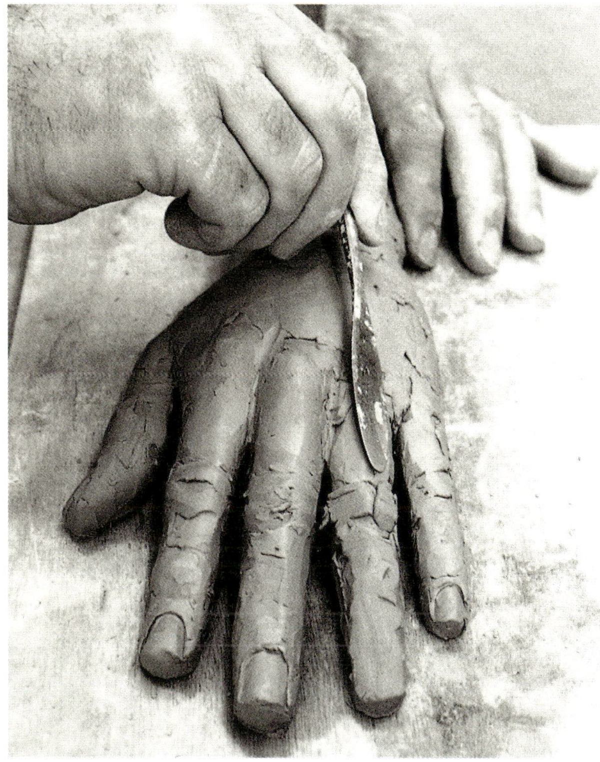

7 Mit einem kleinen Holzstück wird wieder geglättet und verdichtet.

8 Mit einer Modellierspachtel werden Finger und Fingernägel ausgeformt. Die Fingerform erhält man, indem man die Spachtel in Längsrichtung über den Fingerrücken zieht.

9 Die Knöchel werden geformt und auch die sich auf der Oberfläche abzeichnenden Adern können modelliert werden.

Soll die Hand gebrannt werden, ist bei dieser Dicke des Tons ein Aushöhlen von unten nicht notwendig.

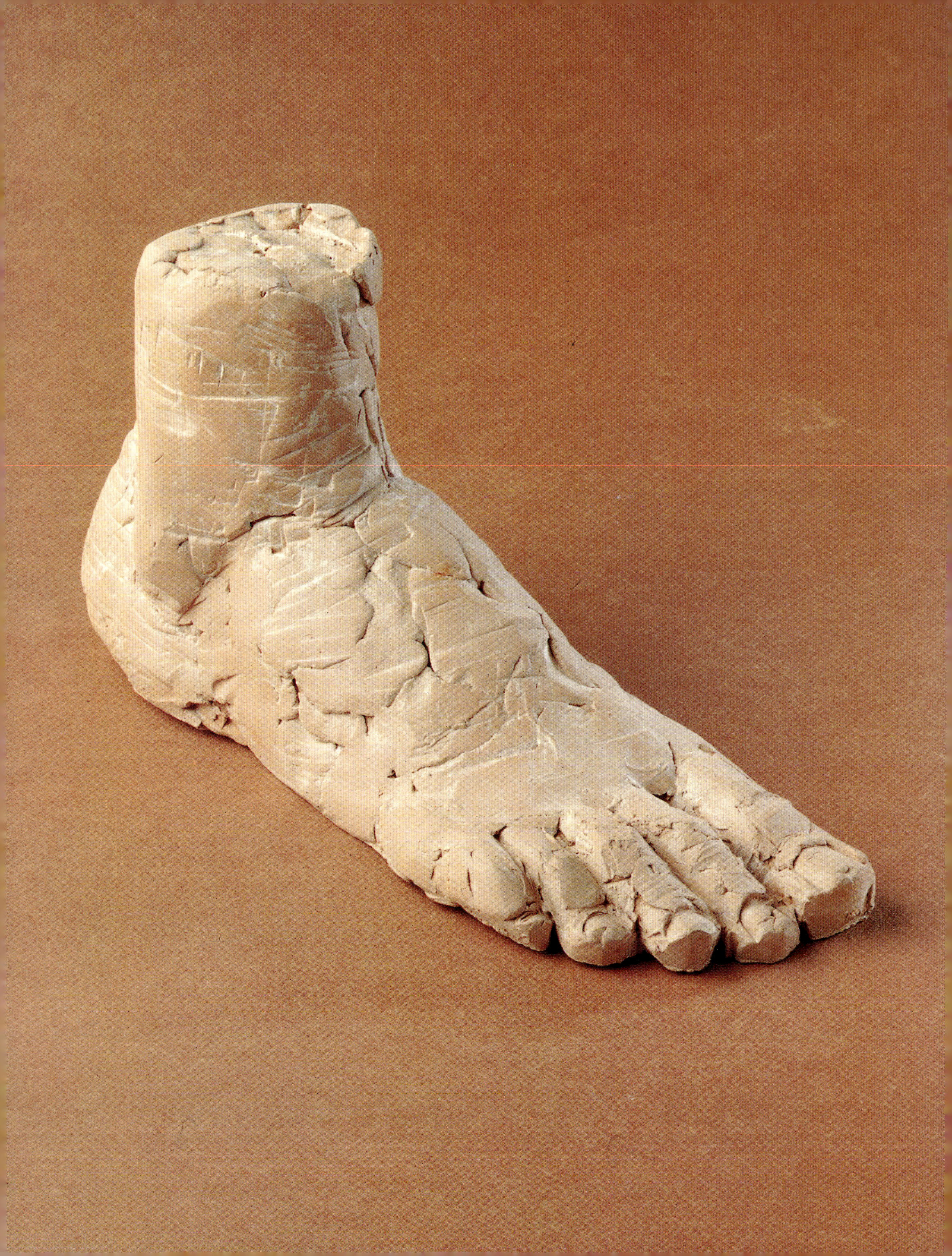

Fuß

Eines der schwierigsten zu modellierenden Details am Menschen ist der Fuß. Das liegt wohl daran, daß er eher selten zu sehen ist. Er wird immer in Socken, Strümpfen, Stiefeln und Schuhen versteckt. Selbst im Sommer wird er von Sandalen umkleidet.

Um den Fuß in seiner Beschaffenheit richtig zu erfassen, stellt man sich erst einmal seinen Aufbau und seine Funktion vor. Da er das Gewicht des Körpers zu tragen hat, ist er in Form von zwei Gewölben gebaut: ein Längsgewölbe von der Ferse zum Ballen und ein Quergewölbe in der Fußmitte.

Die Zehen, die von starken Sehnen und Muskeln bewegt werden, vergrößern die Standfläche. Durch ihre Beweglichkeit gleichen sie aus und ermöglichen das Gehen.

Durch diese Funktion wird die äußere Form des Fußes bestimmt, die wir beim Modellieren übernehmen.

1 Ein länglicher Tonklumpen wird geknetet und als Fersenbein verwendet.

2 Aus einem weiteren Tonklumpen formen wir den Mittelfuß. Er bildet die Brücke von der Ferse zum Ballen und das Quergewölbe.

3 Auf die Fußwurzel wird ein säulenförmiger Tonklumpen als Schien- und Wadenbein gedrückt.

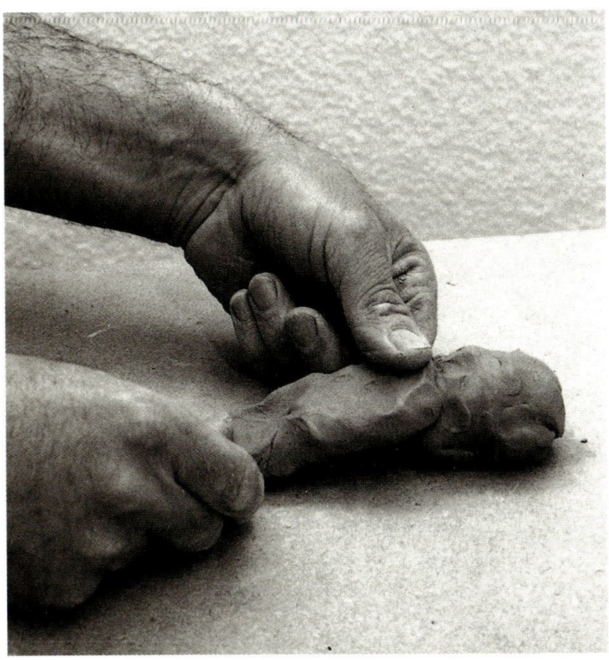

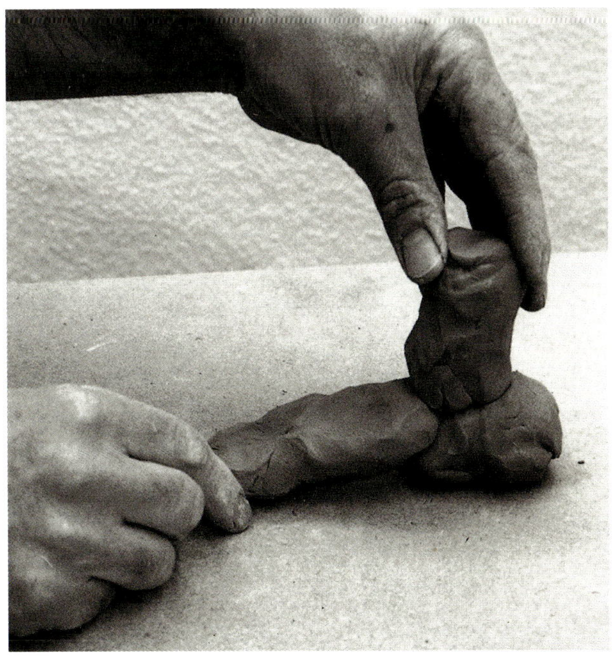

4 An den Mittelfuß setzen wir dann Zehe für Zehe einzeln.

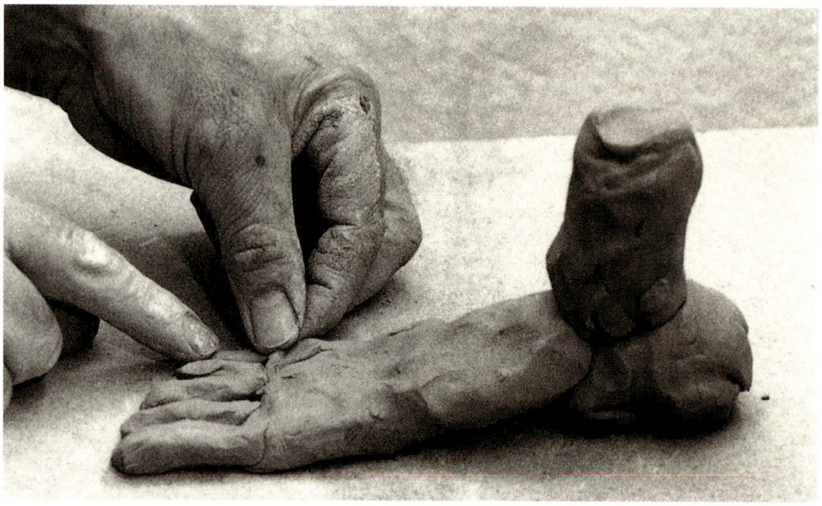

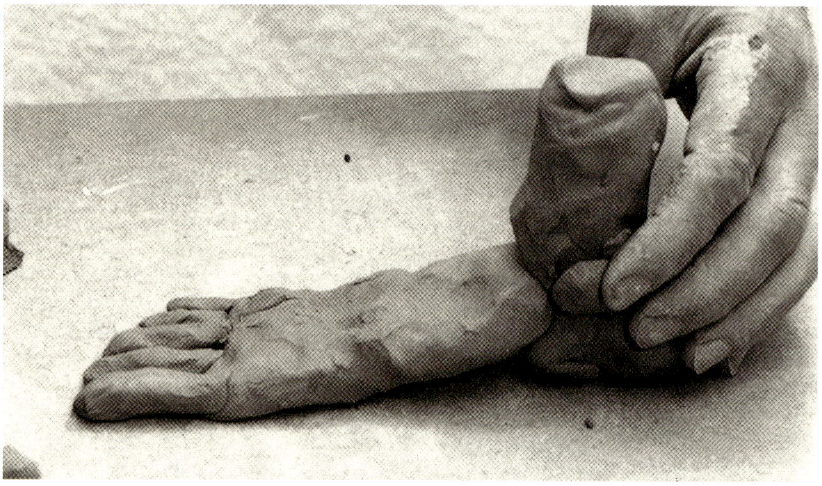

5 Mit einer kleinen Tonkugel markieren wir den inneren Knöchel. Der äußere Knöchel sitzt etwas tiefer als der innere.

6 Durch erneutes Auftragen von Ton verbinden wir die Teile und geben dem Fuß immer mehr Form. Sehr ausgeprägt ist hier der Fußballen, der durch den kurzen Großzehenbeuger (ein Muskel) bestimmt wird.

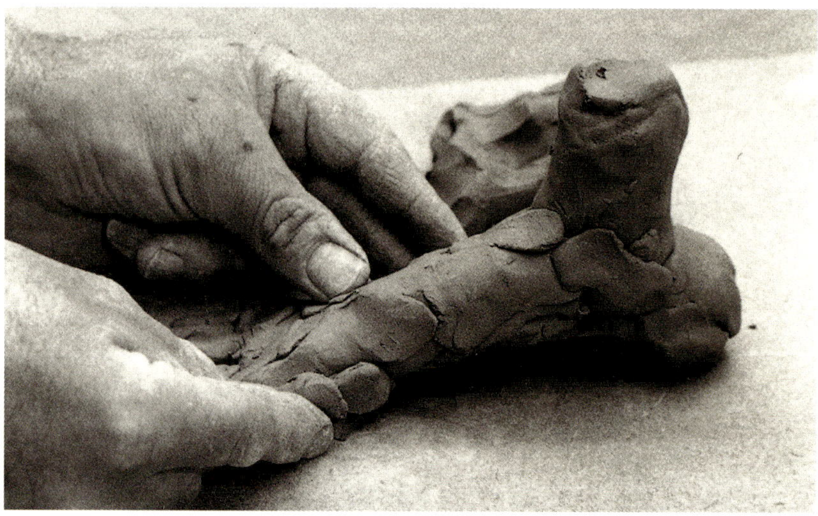

7 Die Zehen werden modelliert, wobei die große Zehe am kräftigsten ist und fest aufliegt. Die anderen vier Zehen berühren nur mit der Spitze die Unterlage.

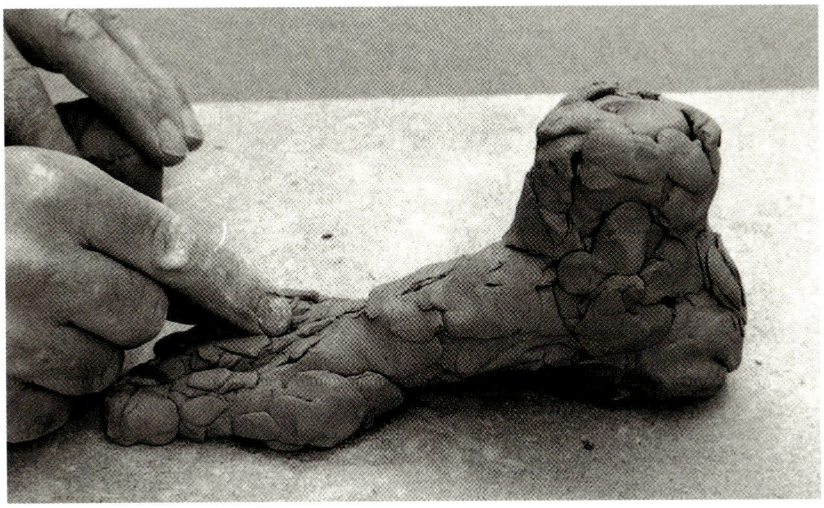

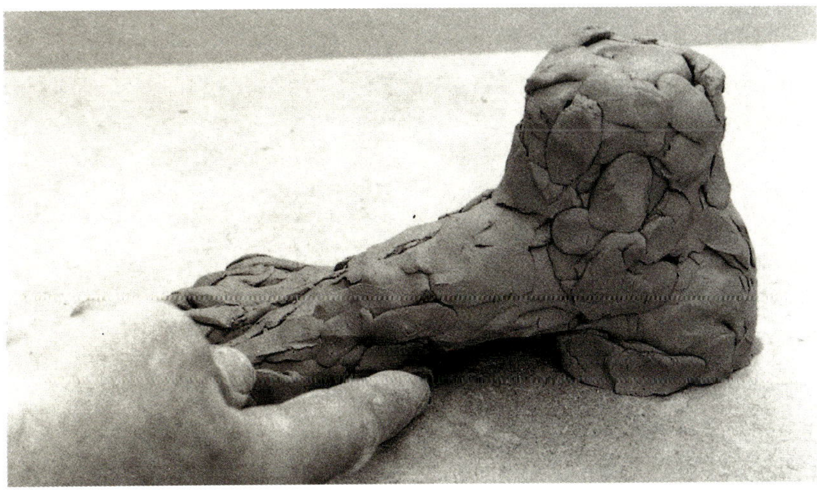

8 An der Innenseite der Ferse entspringt der Großzehenbeuger, der bis zur großen Zehe läuft. Er bestimmt die Beschaffenheit des Innenfußes.

9 Die Achillessehne gibt dem Fuß die Form von der Ferse zur Wade hoch. Sie ist als dünner Strang sichtbar.

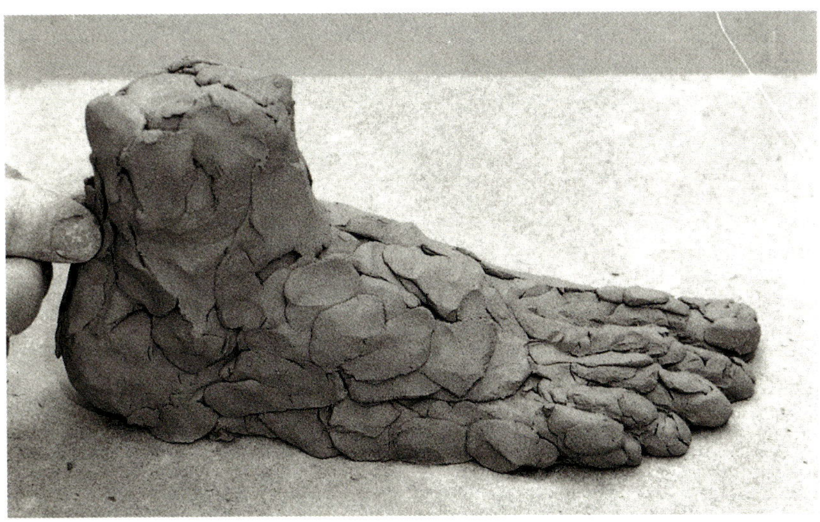

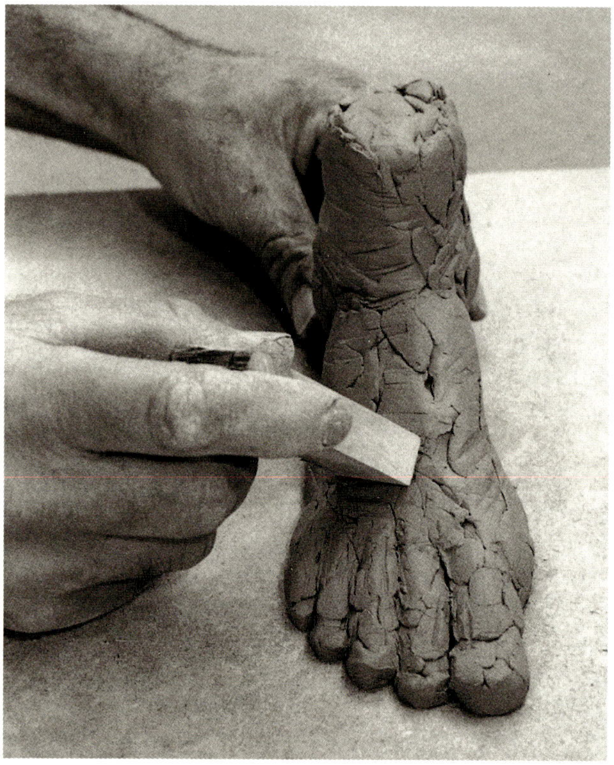

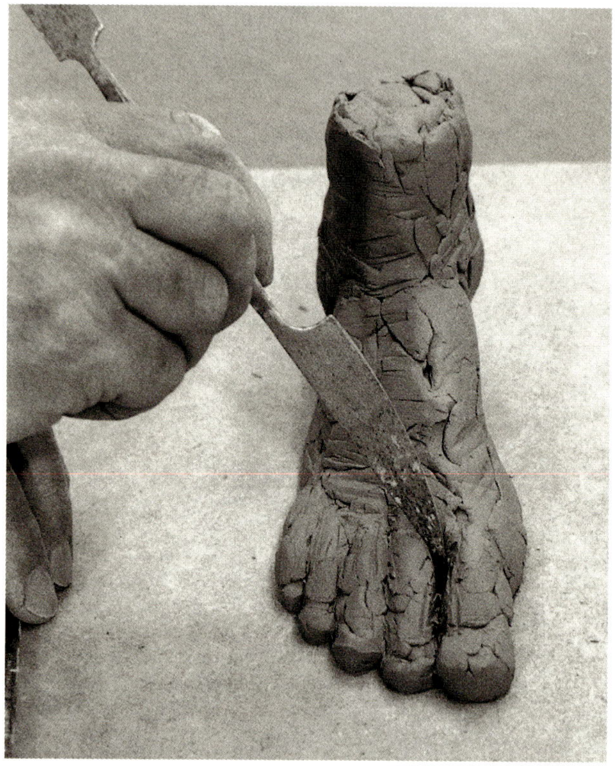

10 Mit einem Holzstück wird die Oberfläche gestampft, geglättet und verdichtet.

11 Der Abstand zwischen der großen Zehe und der zweiten Zehe ist größer als zwischen den übrigen. Mit einem Bossiereisen wird dieser Zwischenraum ausgeformt.

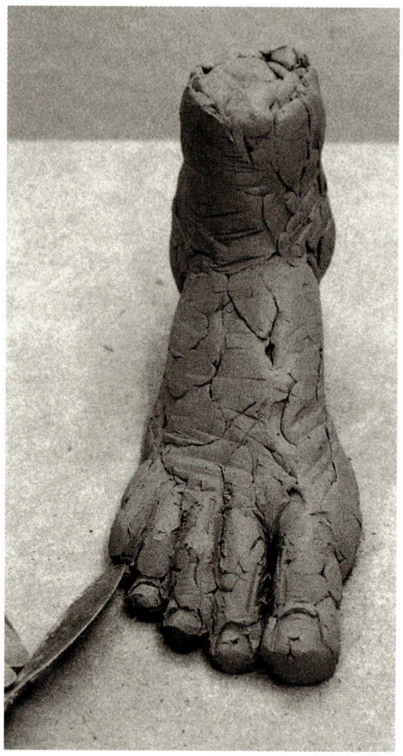

12 Mit einer Modellierspachtel werden die Zehennägel gebildet. Sie liegen nicht einfach flach auf den Zehen, sondern wölben sich halbrund darüber. Durch ein Kippen der Spachtel kann man diese Rundung erzielen.

13 Nun ist der Fuß fertig. Soll er gebrannt werden, empfiehlt es sich, ihn vorher auszuhöhlen.

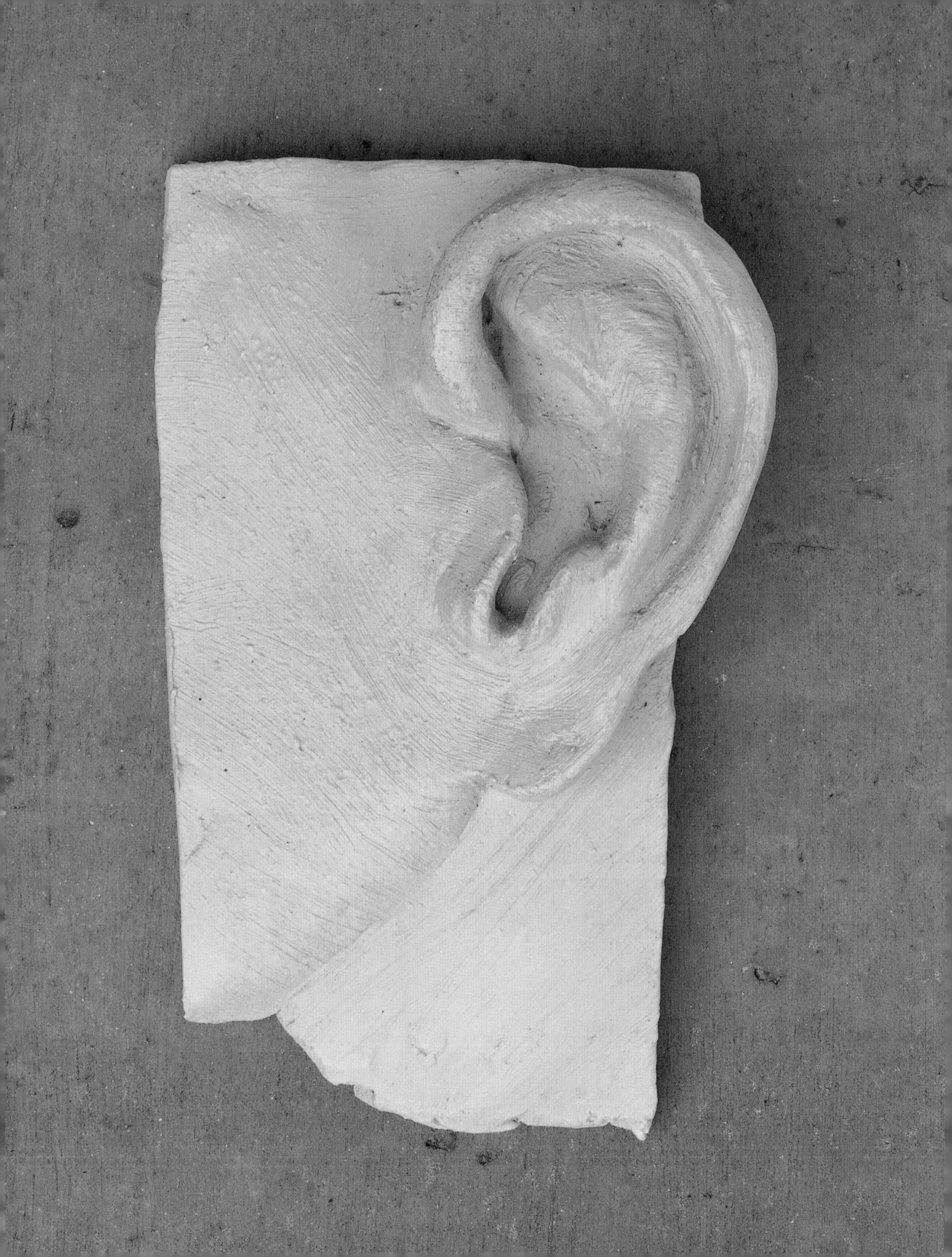

Ohr

Der äußere und somit sichtbare Teil des Ohres ist die Ohrmuschel. Durch ihre vielfältigen Positiv- und Negativformen erscheint sie uns oft so kompliziert, daß wir sie beim Modellieren gerne unter den Haaren verstecken. Wenn man jedoch einmal den Formenverlauf studiert hat, sind die Probleme weitgehend gelöst.

Die Ohrmuschel liegt auf der Höhe des Jochbogens, zwischen Augenbraue und Nasenwurzel.

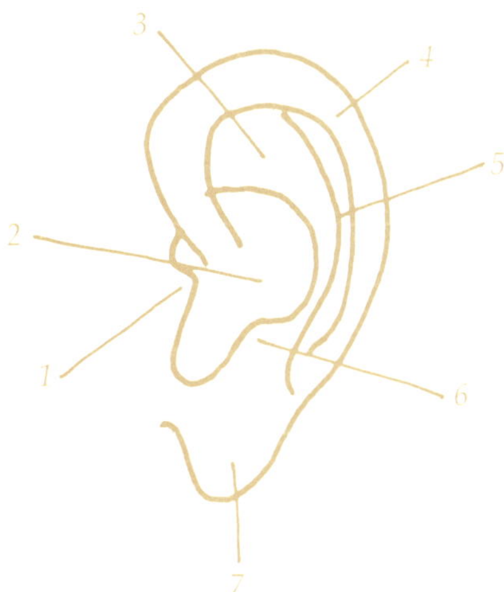

1 Ecke
2 Muschelhöhle
3 Gegenleiste
4 Ohrleiste
5 Grube
6 Gegenecke
7 Ohrläppchen

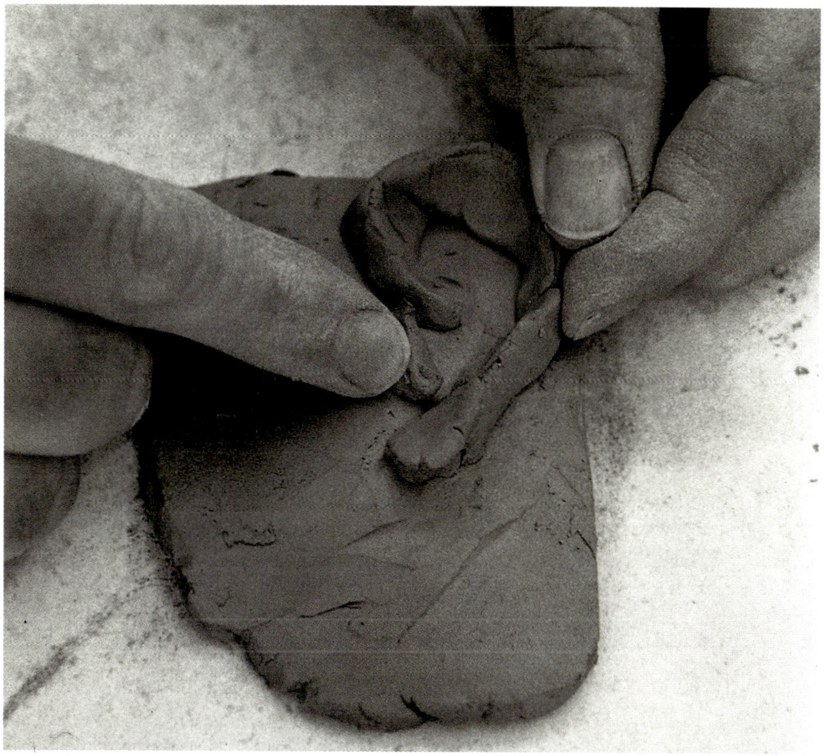

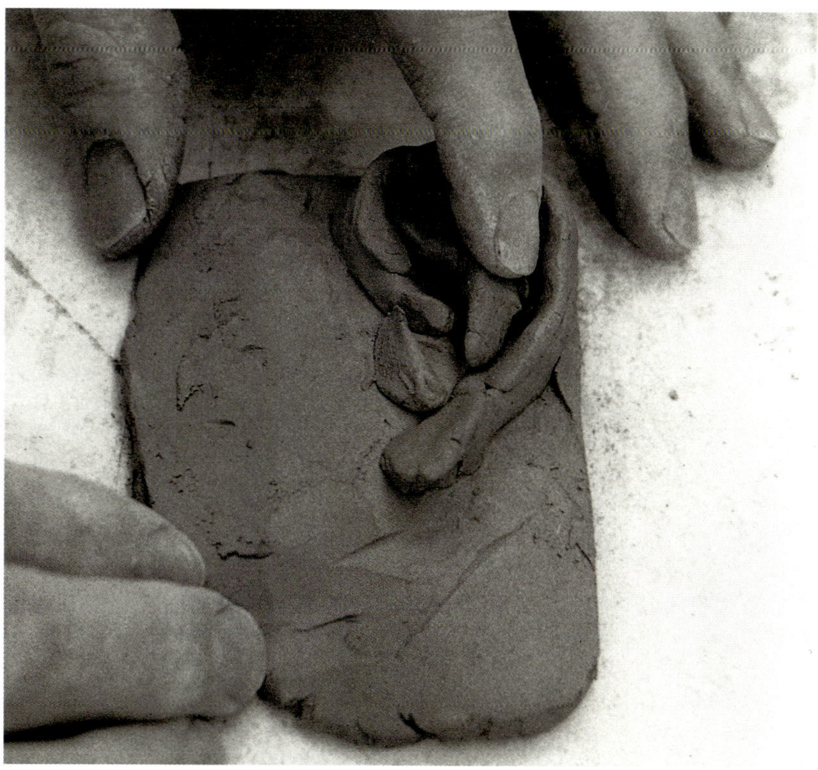

1 Zuerst legen wir die Umrandung und somit die Größe der Ohrmuschel fest. Aus einer dünnen Wurst formen wir die Ohrleiste, das Ohrläppchen und die Ecke (siehe Foto).

2 Dann formt man den oberen und unteren Schenkel der Gegenleiste. Diese bestimmen im wesentlichen die innere Gestalt des Ohres.

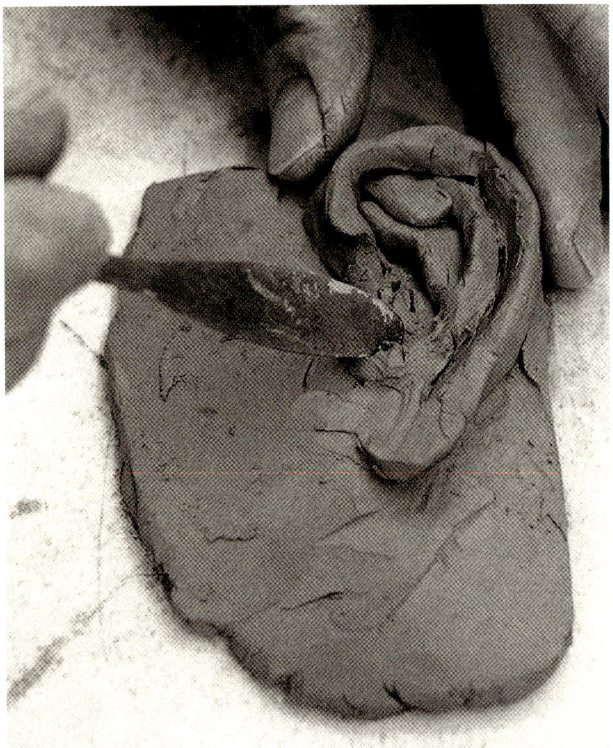

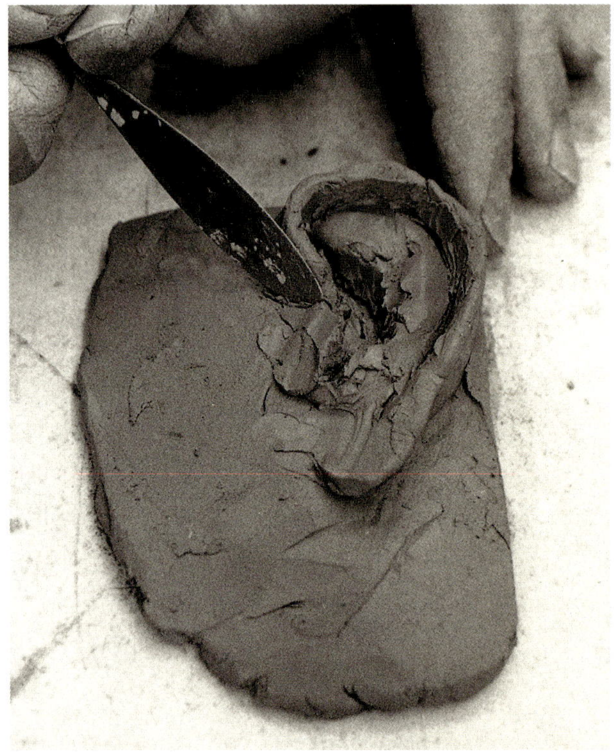

3 Mit einer Modellierspachtel wird die Form konkretisiert.

4 Die Muschelhöhle wird mit einem am Ende runden Modellierholz ausgebildet.

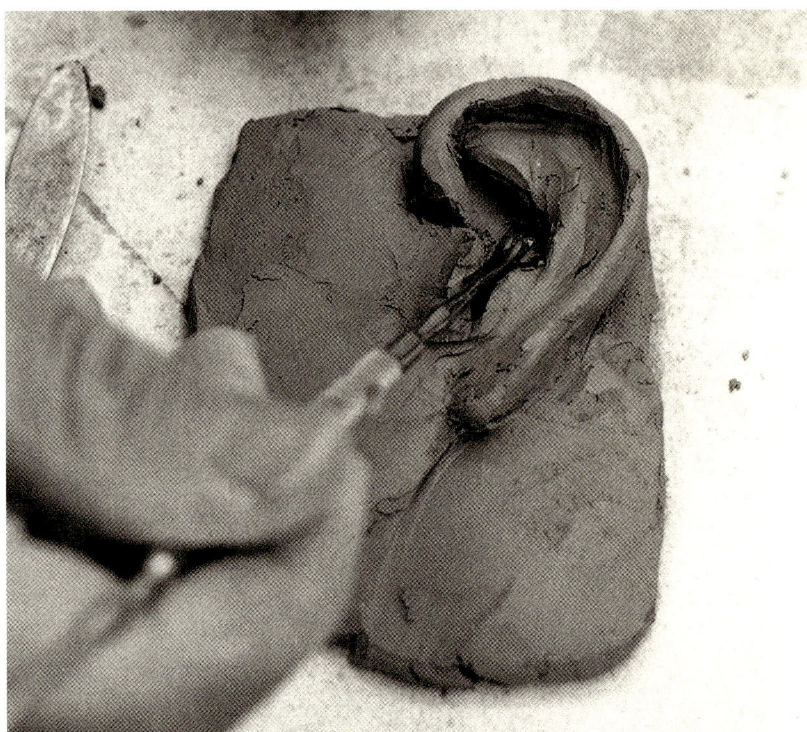

5 Die inneren Feinheiten modelliert man am besten mit einer Zahnarztspachtel. Damit lassen sich gut Hinterschneidungen herausarbeiten.

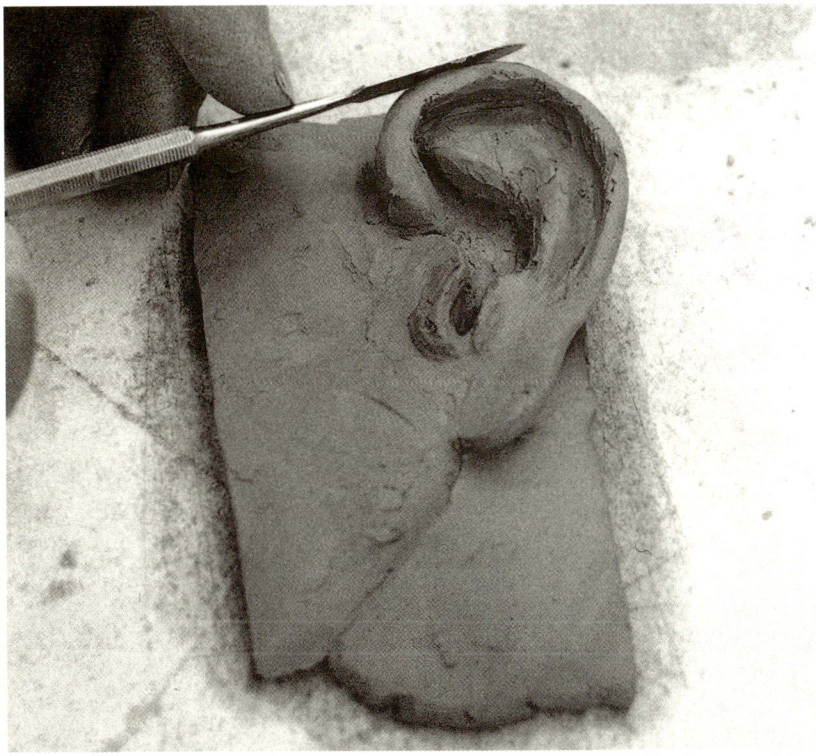

6 Mit leichtem Druck und einer drehenden Handbewegung wird die Ohrleiste gerundet.

7 Um die Form zu glätten, kann man sie mit Wasser und Pinsel verstreichen. Markante Linien müssen jedoch anschließend noch einmal nachgezogen werden.

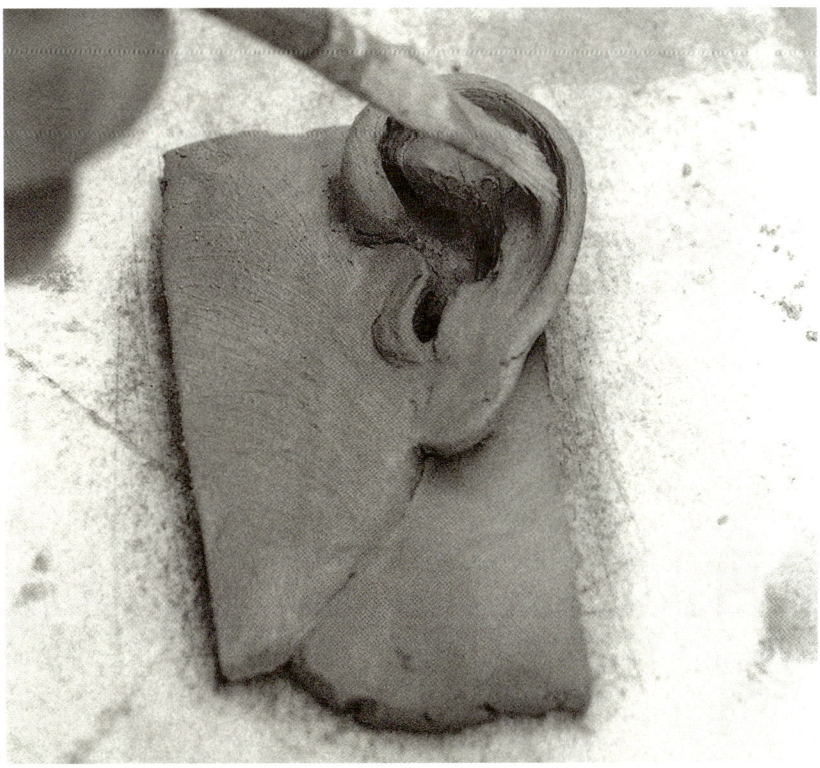

Stehender Akt

Eine stehende Figur ist für den Bildhauer immer eine besondere Herausforderung, da alles stimmen muß: die menschliche Anatomie, die Proportionen und die Architektur. Sie muß auf der kleinen Fläche der beiden Fußsohlen stehen können, ohne nach irgendeiner Seite umzukippen. Aufgrund dieser vielen Aspekte erscheint der »stehende Akt« in diesem Buch als letzte Übung.

Die Figur ist ca. 47 cm hoch. Der Ton sollte für diese Arbeit nicht zu feucht sein, sonst sinkt die Figur in sich zusammen. Das verwendete Gerüst ist im Kapitel »Universalgerüst für stehende Kleinplastiken« (Seite 12) beschrieben.

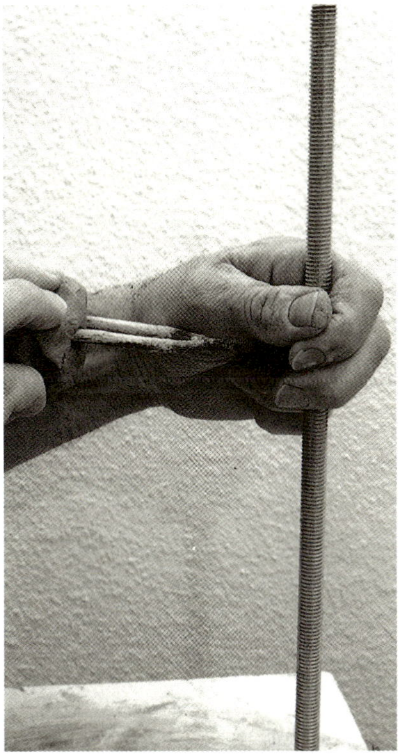

1 Auf das Haltegerüst wird in Höhe des Beckens ein gut durchgekneteter Klumpen Ton gesteckt. Dieser ist die Ausgangsbasis für die ganze Figur.

2 Man knetet nun lange Tonwürste und setzt sie als Beine an. Beide Teile, Becken und Beine, sowie alle nachfolgenden Körperteile müssen gut ineinander modelliert und verstrichen werden, um Lufteinschlüsse zu verhindern.

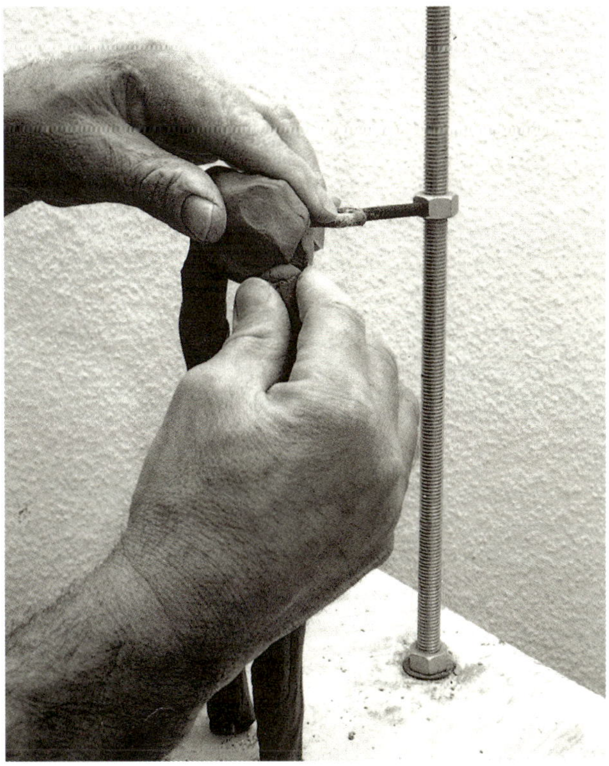

3 Um den Beinen mehr Halt zu geben, steckt man durch ihre Längsachse einen bis zur Schulter reichenden Metallstab von ca. 3 mm Dicke, z.B. Kupferschweißdraht. Dieser rostet nicht und kann später wieder entfernt werden. Das Stabilisieren durch Drähte hat den Vorteil, daß man mit Druck modellieren kann, ohne daß sich die Gliedmaßen verbiegen.

TIP:
Verwendet man statt der Metallstäbe Holzstäbe, so müssen diese ausreichend gewässert werden, d.h. man legt sie für mehrere Stunden in Wasser. Das Holz zieht sonst aus dem Ton die Feuchtigkeit und quillt auf. Ein späteres Herausziehen der Stäbe ist dann fast unmöglich. Läßt man sie drin, reißt der Ton beim Trocknen.

4 Auf das vorbereitete Becken und zwischen die Metallstäbe klemmt man stark geknülltes Zeitungspapier. Dieses sorgt später beim Brennen für den Hohlraum in der Figur (siehe Kapitel »Liegender Akt«, Seite 39).

5 Das Papierknäuel wird mit einem Tonmantel umlegt. Dieser wird fest angedrückt und mit dem Becken vermodelliert.

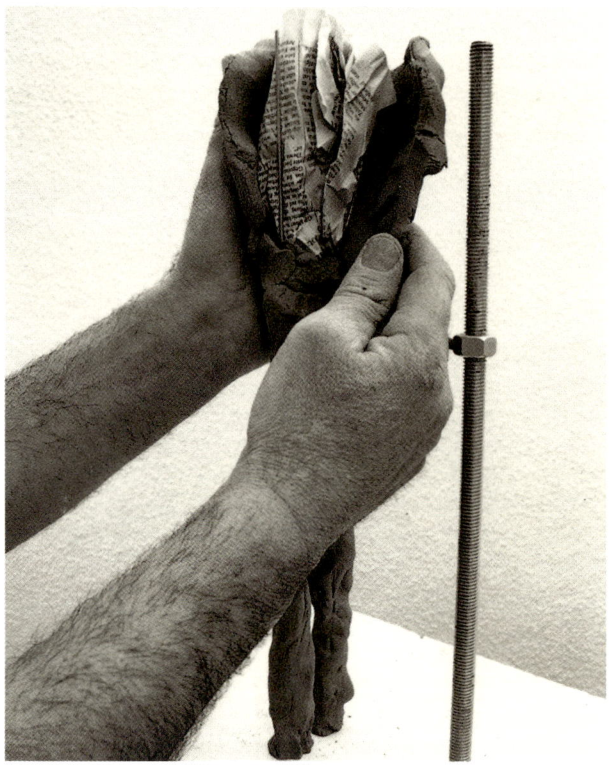

6 Nun formt man den Oberkörper, auf den Hals und Kopf gesetzt werden. Durch Hals und Kopf wird wieder ein Metallstab gesteckt. Dieser reicht bis zum Papierkern.

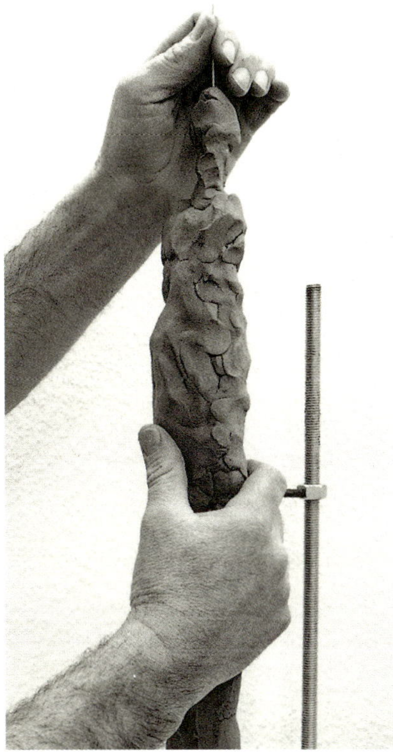

8 Jetzt beginnt man mit dem Tonauftrag in kleinen Klumpen. Dabei kontrolliert man immer wieder das Volumen der Körperformen. Wichtige Punkte, wie z.B. Knie, Ellenbogen usw., werden erst einmal etwas übertrieben mit Tonkügelchen markiert. Das Auge kann sich so beim Abschätzen der Proportionen gut an diesen Punkten orientieren.

7 Die Arme werden angesetzt und die gewünschte Körperhaltung festgelegt.

9 Die Körpermitte wird noch einmal überprüft und ebenfalls markiert. Sie liegt etwa in Höhe des Schambeins.

10 Das Volumen der Brust wird festgelegt. Am Kopf werden die Massen für Augen, Nase und Mund aufgetragen. Die Schulter wird durch einen Tonklumpen gekennzeichnet.

11 Hüfte, Becken und Bauch werden angelegt.

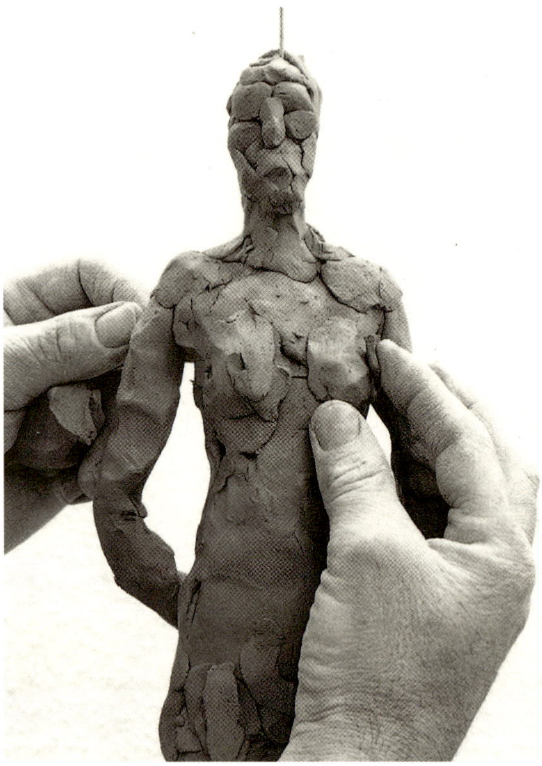

12 Der Nabel wird markiert. Der Bauch ist in seiner Masse bereits vorhanden.

13 Mit einem Schlagholz werden die entstandenen Massen geglättet und verdichtet. Die Körperformen lassen sich mit dieser Methode schon herausarbeiten.

14 Zum besseren Arbeiten am Körper werden die Arme noch einmal abgenommen. Die Schienbeine formt man mit dem Schlagholz.

15 Bei schwierigen Stellen, z.B. dem Nacken, nimmt man zum Verdichten und Stampfen kleinere, kompakte Hilfsmittel, wie z.B. ein Stück Vierkanteisen vom Schrotthändler.

16 Mit einer Spachtel oder einem Modellierholz werden nun die endgültigen Formen festgelegt. Durch Tonauftrag mit der Spachtel und gleichzeitiges, streichendes Drehen erhält man eine spannungsreiche Rundung.

17 Der gerade Bauchmuskel wird immer der Form nach durch eine drehende Bewegung mit der Spachtel modelliert.

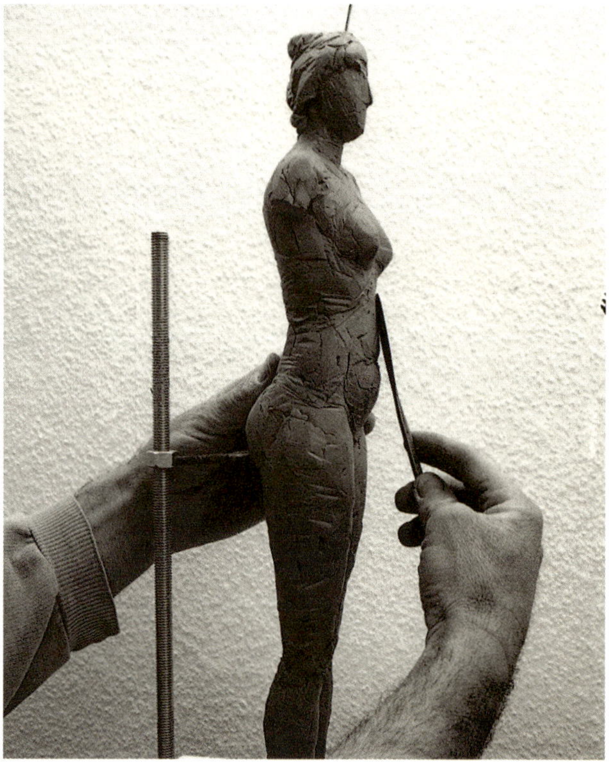

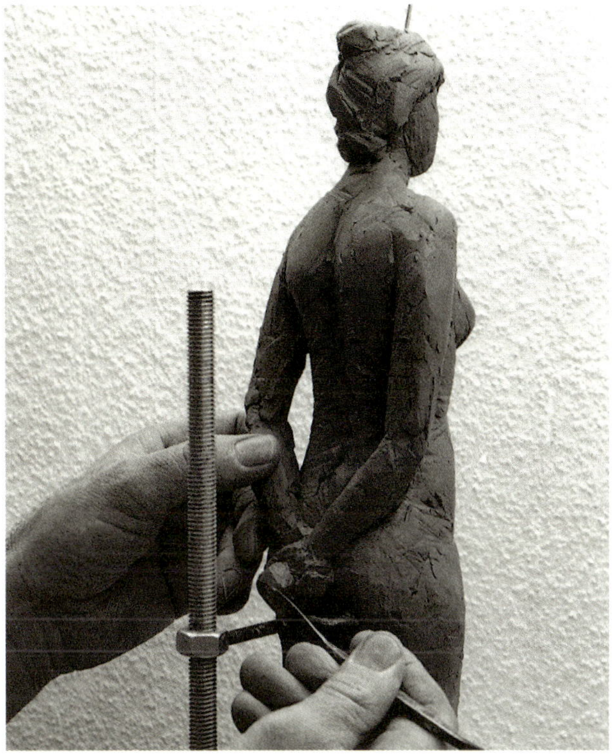

18 Nachdem die Körperformen angelegt sind, werden die Arme wieder angesetzt.

19 Mit der Spachtel wird zusätzlich Ton aufgetragen und daraus Hände und Finger geformt.

20 Mit einer Modellierschlinge wird die Vertiefung um den Nabel herum festgelegt.

21 Das Gesicht arbeitet man mit einem feinen Werkzeug (Lanzette, Zahnarztspachtel). Die Augen werden mit einem spitzen Dorn modelliert und durch eine Vertiefung der Blick festgelegt.

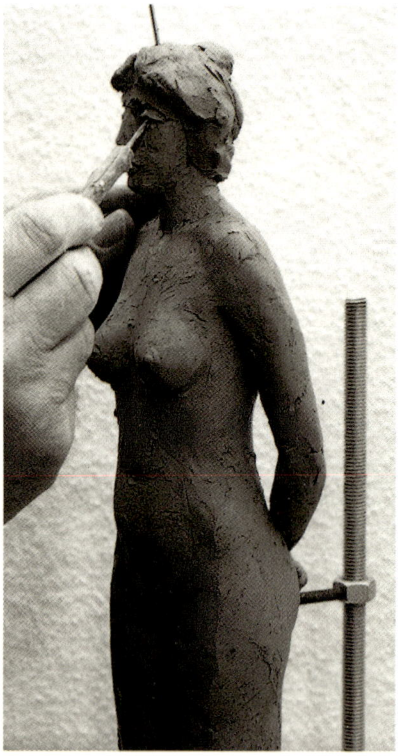

22 Mit verschiedenen Hölzern wird nun die Oberfläche überarbeitet und verdichtet.

23 Diese etwas rauhere Modellierung, bei der die Arbeitsspuren noch zu sehen sind, wirkt sehr reizvoll und kann in das Konzept der Figur miteinbezogen werden. Wer jedoch eine glatte Oberfläche bevorzugt, kann mit nassem Schwamm und Pinsel nachbehandeln. Dabei ist jedoch zu beachten, daß kleinere Vertiefungen und Hautfalten, die durch das Aufeinandertreffen zweier Konvexformen entstehen, mit einem feinen Werkzeug (z.B. Lanzette, Zahnarztspachtel) nachgearbeitet werden müssen.

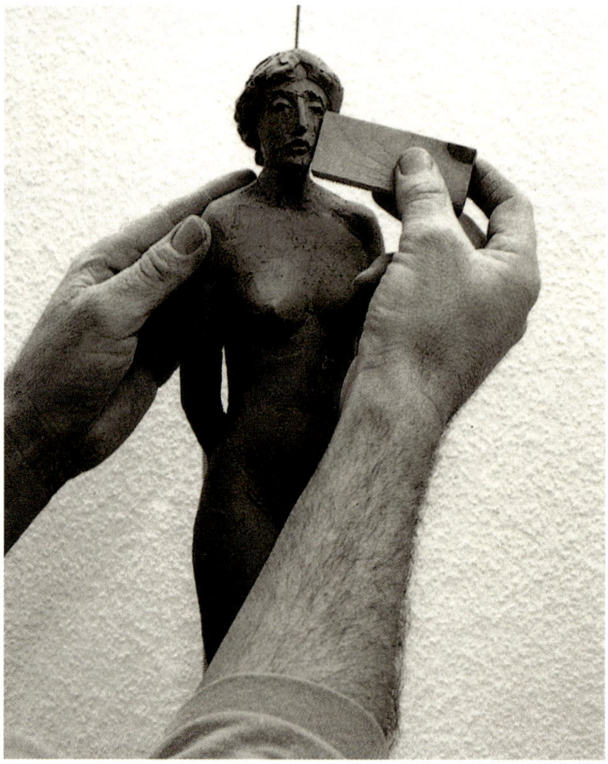

24 Wenn der Ton lederhart ist (oft schon nach einem Tag), kann die Figur vom Gerüst abgenommen werden (»lederhart« bezeichnet einen Trocknungszustand, in welchem sich der Ton zwar hart anfühlt, aber noch nachgibt. Dazu wird die Figur mit einem dünnen Draht vom Brett abgeschnitten.

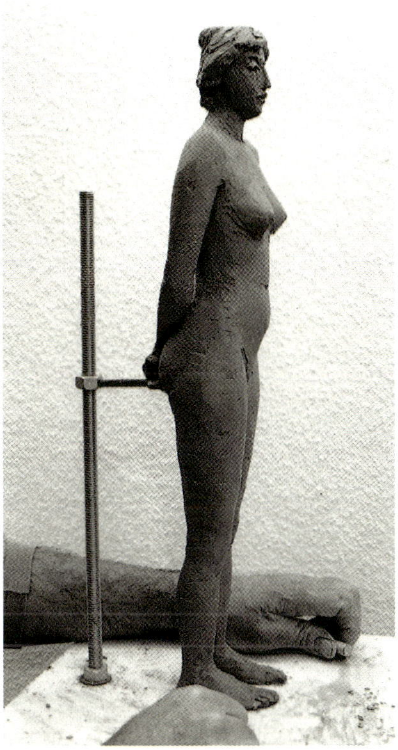

25 Dann löst man sie vorsichtig vom Haltegerüst, indem man sie aus der Gabel des Gerüstes abzieht. Man legt sie anschließend auf eine weiche Unterlage und repariert mit feuchtem Ton die entstandenen Löcher.

26 Nun werden mit einer Zange die Metallstäbe gezogen. Das muß äußerst vorsichtig geschehen, damit kein Bein abbricht. Die entstandenen Löcher brauchen nicht verschlossen zu werden. Sie lassen beim Brennen die im Körperhohlraum angesammelte Luft entweichen. Aus dem gleichen Grund werden zusätzliche Löcher an nicht sichtbaren Vertiefungen angebracht; so bohrt man z.B. durch den Nabel oder von hinten durch die Pofalte bis zum Zeitungskern.

Nach dem Trocknen wird die Figur gebrannt.

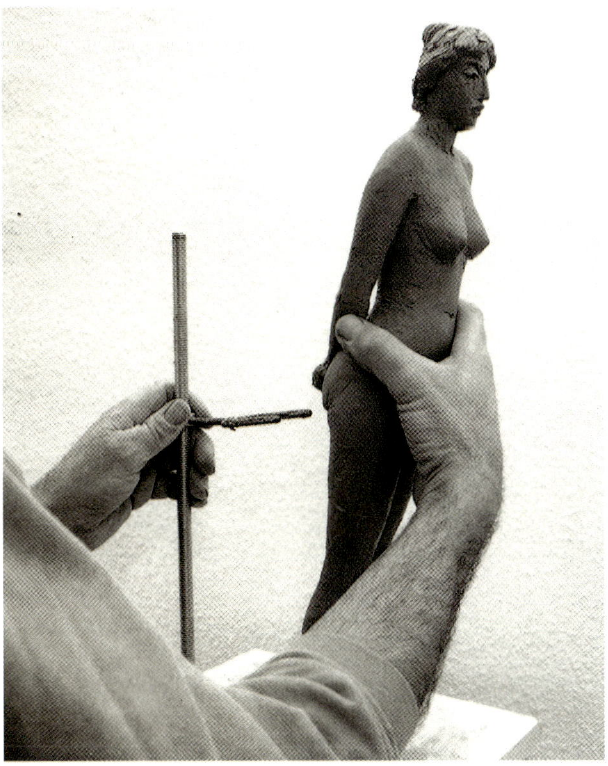

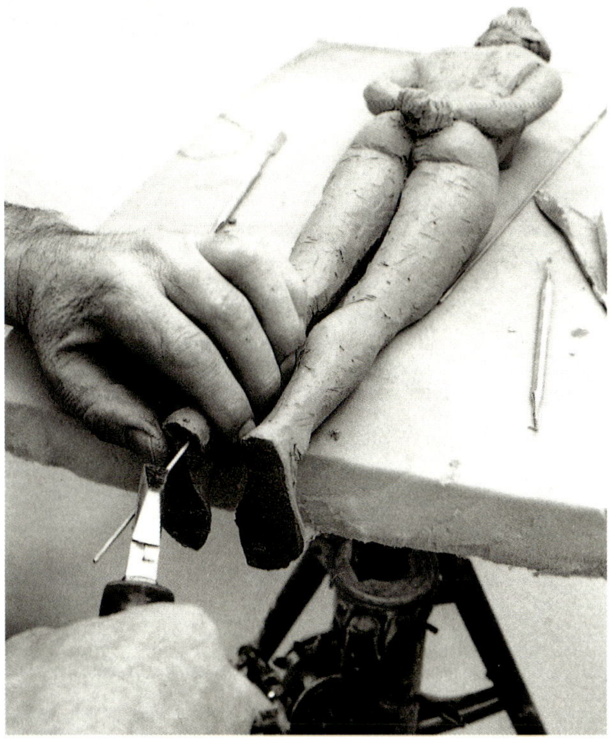

Nachbehandlung

Trocknen

Vor dem Brennen müssen die Arbeiten gut durchgetrocknet sein, was je nach Wandstärke bis zu drei Wochen dauern kann. Um ein gleichmäßiges Trocknen zu erreichen, stülpt man über das Stück eine Plastiktüte, die man jeden Tag ein Stück weiter aufreißt, um entsprechend mehr Luft durchzulassen. Dies verhindert, daß die Arbeit an der Oberfläche zu schnell trocknet, die Feuchtigkeit in tieferen Schichten jedoch nicht entweichen kann.

Risse, die durch das Schwinden des Tons beim Trocknen entstehen, werden befeuchtet und mit einem ebenfalls feuchten Tuch bandagiert, bis der Ton wieder aufgequollen ist. Diese Stelle trocknet erst, wenn an den anderen Teilen der Schwindungsprozeß bereits abgeschlossen ist.

Beim Trocknen ändert sich die Farbe des Tons. Die satte, feuchte Tonfarbe wird staubig, hell und porös. Ist man sich nicht ganz sicher, ob das Stück trocken ist, wartet man lieber noch ein paar Tage.

Bricht ein knochentrockenes Stück etwa beim Transport, brennt man die zerbrochenen Teile und klebt sie danach wieder zusammen (siehe Kapitel »Reparaturen«, siehe unten).

Brennen

Besitzt man keinen eigenen Brennofen, läßt man die Arbeiten am besten bei einem Keramiker brennen. Dieser hat auch Erfahrung im Umgang mit dem Brenngut. Der Ofen muß mit größter Sorgfalt beladen werden, da bei diesem Vorgang die größte Bruchgefahr besteht. Stehende Figuren werden am besten so eingebaut, daß sie nicht umfallen können. Werden sie an die Wand gelehnt, ist darauf zu achten, daß sie – bei elektrischen Brennöfen – keinen Heizdraht berühren. Die Brenntemperatur hängt von der Art der Tonmasse ab und ist beim Kauf zu erfragen. Sie liegt meist zwischen 1000 °C und 1100 °C. Erhöht man die Brenntemperatur, wird der Ton zwar dunkler und härter, schwindet aber auch mehr. Nach dem Brennen muß das Brenngut noch ca. 8 Stunden im geschlossenen Ofen abkühlen. Danach kann die Arbeit gegebenenfalls glasiert und anschließend nochmals gebrannt werden (Brenntemperatur zwischen 1000 °C und 1200 °C). Bitte beachten Sie die Herstellerhinweise oder fragen Sie Ihren Keramiker.

Reparieren

Beim Brennen oder auch danach kann es immer wieder passieren, daß Stücke reißen oder brechen. Durch Lufteinschlüsse können außerdem Formteile abplatzen. Man sammelt die abgebrochenen Teile ein und fügt sie erst einmal trocken zur Probe zusammen. Weiß man den Platz des einzelnen Stückes, mischt man sich die nötige Menge Epoxidharzkleber mit dem entspre-

Abgebrochene Teile, was tun? Zuerst trocken probehalber zusammenpassen und dann mit 2 Komponenten-Epoxidharzkleber wieder zusammenkleben.

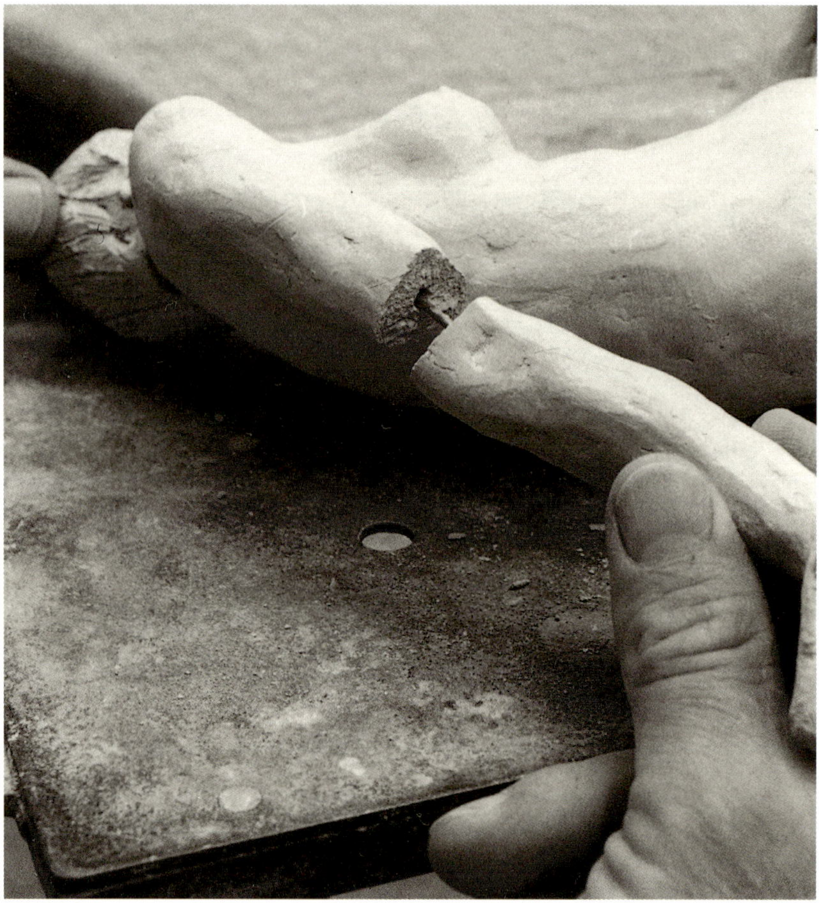

chenden Härteranteil zurecht. Dann bestreicht man eine Seite und drückt beide fest aufeinander. Der überflüssige Kleber quetscht sich aus der Bruchstelle. Man läßt ihn antrocknen, bis er nicht mehr verschmiert, aber auch noch nicht ausgehärtet ist, und schneidet ihn mit einem scharfen Messer sorgfältig ab. Solange der Kleber weich ist, sollte man darauf achten, daß nichts verschmiert, denn er dringt sofort in die Poren des Tons ein und ist nicht mehr wegzukriegen.

Sind größere Teile abgebrochen, wie z.B. ein Arm oder die Beine an den Fesseln, was häufig bei stehenden Figuren vorkommt, so reicht ein bloßes Kleben nicht mehr. Es muß gedübelt werden.

Dazu bohrt man mit einem Steinbohrer und einer Bohrmaschine ganz vorsichtig ca. 1–1,5 cm tiefe Löcher in beide Teile, und zwar jeweils an der gegenüberliegenden Klebefläche. Dann schneidet man sich einen Metallstift (Nagel) auf die richtige Länge zurecht. Die richtige Länge ist die Summe der Tiefe beider Bohrlöcher abzüglich 2 mm. Man taucht den Stift in vorbereiteten Epoxidharzkleber und streicht damit in beide Löcher Kleber. Dann bestreicht man auch die Klebeflächen mit etwas Kleber, steckt den Stift in eines der vorgebohrten Löcher, führt ihn anschließend in das Gegenstück ein und drückt beide Teile zusammen. Die Teile werden durch Keile oder Gewichte gegen ein Verrutschen gesichert.

Wenn der Kleber etwas fest ist, muß die überschüssige Menge wieder abgeschnitten werden.

Dieses Verfahren kann auch angewendet werden, wenn die Figur auf einen Sockel, z.B. eine Steinplatte, montiert werden soll.

Patinieren

Um die Oberfläche lebhafter zu gestalten, oder Höhen und Tiefen in der Modellierung stärker zu betonen, kann die Figur nach dem Brennen patiniert werden.

Dazu nimmt man einfaches Bohnerwachs oder auch Schnellwachs (für die Autopflege). Da Ton sehr saugfähig ist, muß Schnellwachs mehrmals aufgesprüht werden. Bohnerwachs wird warm mit Terpentin oder Aceton verdünnt. Um der Terrakotta einen anderen Farbton zu geben, bedient man sich eines Tricks und mischt in die Bohnerwachsmischung noch Farbpulver (Farbpigmente aus dem Künstlerbedarf).

Interessante Effekte erhält man auch, wenn man eine gewachste Figur vor dem Polieren mit trockenem Gips bestreut oder bepinselt. Der überschüssige Gips wird abgeblasen und die Figur dann mit einer weichen Bürste poliert, bis sie an den gewünschten Stellen glänzt. Der Gips setzt sich in den Vertiefungen und Unebenheiten fest, und schafft so einen Kontrast zur terrakottafarbenen, glatten Oberfläche.

Der Experimentierfreude sind keine Grenzen gesetzt. Die ersten Versuche sollte man jedoch am besten auf einem Probestück oder auf der Rück- bzw. Unterseite einer Figur ausführen.

Hohlaufbau mit Tonstegen

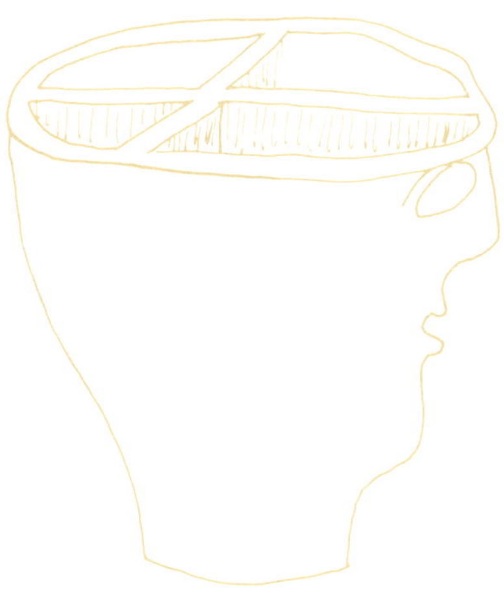

Andere Möglichkeiten plastischen Gestaltens

Hohlaufbau

Die Herstellung von Terrakotten ist größenmäßig beschränkt. Zu große Arbeiten würden durch das Eigengewicht des Tons in sich zusammensinken. Dies verhindert die Technik des Hohlaufbaus.

Hierbei wird die Form in Platten oder Würsten, die aufeinandergestellt oder -gelegt werden, erarbeitet.

Im Inneren werden zur Stabilisierung Stege aufgebaut, die fest mit der äußeren Form verbunden sind.

Es muß langsam fortschreitend gearbeitet werden, da die unteren, tragenden Teile immer etwas antrocknen müssen, um das Gewicht des neu hinzugefügten Tons halten zu können.

Abformen

Für Bildhauer ist Ton nicht immer das endgültige Material, sondern oft nur ein Mittel zum Modellieren der Form. Die Plastik selbst wird dann in einem anderen Material ausgeführt. Dies kann z.B. ein gegossenes Endprodukt wie beim Bronzeguß, Steinguß, Polyesterguß oder ein Gipsabguß sein. Letzterer wird zum Punktieren (Kopieren) eines Werkes in Holz oder Stein benötigt.

Für den Abguß muß auf jeden Fall eine Form hergestellt werden. Hierbei unterscheidet man zwischen einer verlorenen Form, die nach dem Ausguß (z.B. beim Stein- oder Gipsguß) abgeschlagen wird und einer Form, die mehrmals verwendet werden kann. In letzterem Fall stellt man meist eine Silikonform her. Will man sich näher mit dem Thema »Abformen« beschäftigen, ist es ratsam, sich gute Fachbücher zu besorgen. Auch kann man sich bei Bildhauern, Gipsgießern und Bronzegießern kundig machen.

Modellieren mit anderen Materialien

Plastilin

Aus unserer Kindheit oder Jugendzeit kennen wir alle das als Knete bezeichnete Plastilin. Es hat den Vorteil, daß es länger geschmeidig bleibt und nicht so schnell austrocknet. Man kann es jedoch nicht weiter verarbeiten, d.h. es muß immer eine Negativform davon abgenommen werden, um das Original bleibend zu erhalten.

Wachs

Aus Knetwachs lassen sich wunderbar kleine Figürchen modellieren, die auch direkt vom Bronzegießer in Bronze gegossen werden können. Wachs ist immer das Vorstadium für das Bronzegießen nach dem Wachsausschmelzverfahren.

Papiermaché

Papiermaché kann man ganz einfach selber herstellen. Man reißt Zeitungspapier in kleine Stücke und weicht es über Nacht in Wasser ein, dem etwas Tapetenkleister zugefügt wird. Mit einem Mixer oder einem speziellen Aufsatz für die Bohrmaschine rührt man den Brei kräftig um. Hierbei werden die Zeitungsstückchen zerkleinert; es entsteht eine graue, flüssige Masse. Diese wird in ein Sieb geschüttet und ausgedrückt. Die feuchte Masse kann nun zum Modellieren verwendet werden. Man muß dabei jedoch eine starke Schrumpfung berücksichtigen. Ein maßgenaues Formen ist mit Papiermaché nicht möglich. Im getrockneten Zustand kann das Material geschliffen und bemalt werden.

Fachbegriffe

Bossiereisen: größeres, metallenes Modelliereisen, das ursprünglich die Gipsgießer verwenden

Brennen: Erhitzung des Tons im Brennofen auf ca. 1000 °C, um ihn zu erhärten

Dorn: Werkzeug aus Metall zum Vorstechen von Bohrlöchern usw.

Einstampfen und Einsumpfen: Aufbereitung von Tontrockenmasse oder bereits verwendetem Ton mit Hilfe von Wasser und Druck

Galgen: L-förmig gebogene Vierkant-Eisenstange, an die ein weiteres Gerüst befestigt wird

Glasurbrand: zweiter Brennvorgang, bei dem die mit Glasur bemalte, bereits gebrannte Tonarbeit nochmals im Brennofen erhitzt wird. Dabei brennen die Farben ein.

Hohlaufbau: Technik, bei der in den inneren Hohlraum der Plastik Stützstege aus Ton eingesetzt werden, um die äußere Form zu stabilisieren.

Hubel: Verpackungseinheit für Ton (ca. 10 kg)

Kopfgerüst: Gerüst aus Draht, das als Stütze zum Modellieren eines Kopfes/Porträts dient

Lanzette: kleine, lanzenförmige Spachtel aus Metall

Lederhart: Zustand des Tons während des Trocknens. Der Ton enthält noch eine geringe Menge Wasser, ist aber auch nicht mehr weich.

Modellierbock: runde oder viereckige, drehbare Arbeitsplatte auf einem höhenverstellbaren Holzständer

Modellierholz: Werkzeug (Stäbchen) aus Holz oder Plastik, das an beiden Enden unterschiedlich geformt ist. Es wird zum Modellieren von Ton eingesetzt.

Modellierschlinge: Holzgriff mit Drahtschlinge am Ende, mit der Ton gut ausgehöhlt werden kann

Modellierzirkel: Zirkel (Tastzirkel, Bauchzirkel) zum Abtasten von Verhältnislängen oder zum Nachmessen von Längen, z.B. beim Porträt

Negativform: erste Abgußform, die vom Werkstück abgeformt wird

Patinieren: Behandlung von Figuren usw. mit verschiedenen Materialien (z.B. Wachs, Gips), um die Oberfläche in ihrem Aussehen und ihrer Farbe zu verändern

Plastik: dreidimensionale Darstellung, z.B. aus Ton, Gips usw., welche durch hinzufügen (aufbauend) von Material erstellt wird

Punktieren: Technik des Kopierens einer Plastik

Ränderscheibe: kleine, erhöhte, drehbare Arbeitsscheibe, auf der Ton modelliert werden kann

Relief: plastische Darstellung, die sich noch in der zweidimensionalen Fläche befindet

Schamotte: gemahlener, bereits gebrannter Ton, der als Zusatz bei der Tonaufbereitung verwendet wird

Schlagholz: Vierkantholz, mit dem die Oberfläche des Tons verdichtet und gefestigt wird

Schlagschatten: harter Schatten, der bei starker, einseitiger Beleuchtung auftritt

Schlicker: flüssige Masse, aus Ton und Wasser angerührt

Schmetterlinge: zwei dünne, überkreuzte Holzleisten, die mit Draht zusammengehalten und beim Gerüstbau zur Stabilisierung des Tons verwendet werden

Schneidedraht: Werkzeug (dünner Draht) zum Abschneiden von Ton

Schrühbrand: erster Brennvorgang, bei dem der Ton hart wird

Schwinden: wenn eine Tonmasse ihr Ausgangsvolumen durch Trocknen oder Brennen verringert

Silikon: Kunststoffmasse zur Herstellung einer Abgußform

Spachtel: Werkzeug aus Metall mit Holzgriff, um Flächen zu glätten

Stützgerüst: Gerüst aus Metall und/oder Draht, das beim Modellieren den Ton trägt, damit die geformte Masse nicht zusammenbricht

Terrakotten: unglasierte, gebrannte Arbeiten aus Ton

Verlorene Form: Abgußform, die nach dem Erhärten des Gußmaterials zerschlagen werden muß, um das Objekt aus der Form zu lösen

Die Deutsche Bibliothek –
CIP-Einheitsaufnahme

Kleinplastiken modellieren für Einsteiger: Techniken und Projekte in Ton Schritt für Schritt in 150 Bildern/Josef Lang – Augsburg: Augustus-Verl., 1996
ISBN 3-8043-0297-1

Die im Buch veröffentlichten Ratschläge wurden von Verfasser und Verlag sorgfältig erarbeitet und geprüft. Eine Garantie kann dennoch nicht übernommen werden, ebenso ist eine Haftung des Verfassers bzw. des Verlages und seiner Beauftragten für Personen-, Sach- und Vermögensschäden ausgeschlossen.

Jede gewerbliche Nutzung der Arbeiten und Entwürfe ist nur mit Genehmigung von Verfasser und Verlag gestattet.
Bei der Anwendung im Unterricht und in Kursen ist auf dieses Buch hinzuweisen.

Farbfotos: Annette Hempfling, München
Einfarbige Fotos: Josef Lang, Denklingen
Lektorat: Elisabeth Namiri, Augsburg

Umschlaggestaltung:
Christa Manner, München
Umschlagfoto:
Annette Hempfling München
Layout: Anton Walter, Gundelfingen

AUGUSTUS VERLAG AUGSBURG 1996

Satz:
Gesetzt aus 9,5 Punkt Palatino Roman
in Quark-X-Press von Walter Werbegrafik, Gundelfingen
Reproduktion: Color-Line, I-Verona
Druck und Bindung: Appl, Wemding

Gedruckt auf 120 g umweltfreundlich elementar chlorfrei gebleichtes Papier.

ISBN 3-8043-0297-1
Printed in Germany

Zum Autor

1947 in Bad Tölz geboren
1977 Steinmetzlehre
1979 bis 1986 Studium der Bildhauerei an der Akademie der Bildenden Künste in München
1986 Diplom als Meisterschüler, seither freischaffend. Lebt und arbeitet in Denklingen bei Landsberg/Oberbayern

Zahlreiche Ausstellungen und Beteiligungen, z.B. in der Städtischen Galerie Rosenheim, im Haus der Kunst in München, beim internationalen Symposium in Carrara/Italien.

Arbeiten im öffentlichen und privaten Besitz und im öffentlichen Raum (z.B. Bad Wörishofen, Landsberg, Günzburg).

Stipendien und Studienreisen.